10kV及以下配电网工程项目部标准化管理（2022年版）

业主项目部

国网山东省电力公司 编

中国电力出版社
CHINA ELECTRIC POWER PRESS

内容提要

为总结 10kV 及以下配电网工程业主、监理、施工项目部最新标准化建设及运作经验，国网山东省电力公司依据国家现行法律法规，以及国家、行业和国家电网有限公司规程规范，并结合国家电网有限公司对 10kV 及以下配电网工程项目部标准化管理相关要求，在 2019 年出版的《10kV 及以下配电网工程项目部标准化管理》丛书的基础上，经过广泛征求各单位意见修编完成本丛书。

本丛书分别从项目部设置、项目管理、安全管理、质量管理、造价管理及技术管理等方面进行描述，内容简洁实用、工作流程易于操作。同时，本丛书附录部分收录了业主、监理、施工项目部常用的标准化管理模板和相关专业管理依据。

本丛书可供 10kV 及以下配电网工程业主、监理、施工项目部工作及管理人员使用。

图书在版编目（CIP）数据

10kV 及以下配电网工程项目部标准化管理：2022 年版．业主项目部 / 国网山东省电力公司编．—北京：中国电力出版社，2022.12

ISBN 978-7-5198-5544-4

Ⅰ．①1…　Ⅱ．①国…　Ⅲ．①配电系统—电力工程—监理工作—标准化管理—中国　Ⅳ．①TM7

中国版本图书馆 CIP 数据核字（2022）第 227479 号

出版发行：中国电力出版社
地　　址：北京市东城区北京站西街 19 号（邮政编码 100005）
网　　址：http：//www.cepp.sgcc.com.cn
责任编辑：肖　敏（010-63412363）
责任校对：黄　蓓　郝军燕
装帧设计：郝晓燕
责任印制：石　雷

印　　刷：三河市万龙印装有限公司
版　　次：2022 年 12 月第一版
印　　次：2022 年 12 月北京第一次印刷
开　　本：787 毫米 ×1092 毫米　16 开本
印　　张：6
字　　数：150 千字
印　　数：0001—8000 册
定　　价：30.00 元

编写组

主　　编　黄　锐

副主编　赵辰宇　董　啸

参编人员　李　强　任敬飞　杨　超　刘文安　谢新胜

杜　琰　任　波　刘本运　李　哲、杜娜娜

程海斌　崔乐乐　刘军青　王守礼　徐　辉

杜汉忠　李　富　李佳萍　李恺夕　韩明明

朱　强　王乃德　于学新　边睿喆　邢春凯

张延峰　姜兆庆　苏　涛　万福栋　孙永刚

刘刚刚　马　赛　韩一帆　徐德春　林玉磊

康志杰　张　震　王晓鹏　杨　栋　丁晓雨

编制说明

《10kV 及以下配电网工程项目部标准化管理（2022 年版） 业主项目部》是依据国家现行法律法规，以及国家、行业和国家电网有限公司（简称“国网公司”）规程规范，结合国网公司管理通用制度，在 2019 年出版的《10kV 及以下配电网工程项目部标准化管理　业主项目部》的基础上，总结国网山东省电力公司（简称“国网山东电力”）系统业主项目部标准化建设及运作经验，经过广泛征求各单位意见修编而成。

本书根据 10kV 及以下配电网工程（简称“配电网工程”）建设特点，按照管理内容简单实用、工作流程易于操作的原则进行编制，优化统一了业主项目部管理模式，明确了标准化建设要求。本书主要有三个特点：①进一步总结提炼了配电网工程业主项目部建设运作经验，优化了项目部关键人员岗位配置及岗位职责，对管理内容、流程等进行了更新、优化和完善；②将《国家电网有限公司 10（20）千伏及以下配电网工程业主项目部标准化管理手册》相关内容融合到本书中；③突出业主项目部重点工作及主要管控节点、流程，更新业主项目部评价机制及服务供应商评价机制，将业主项目部人员“交规计分制”纳入本书。

本书正文主要包括以下三方面内容：

（1）业主项目部设置。明确了业主项目部的定位、组建原则、组建方式与要求；明确了业主项目部工作职责及各岗位职责；明确了业主项目部重点工作与关键管控节点。

（2）专业管理要求。明确了业主项目部项目管理、安全管理、质量管理、造价管理、技术管理五个专业的管理工作内容及方法、管理流程。

（3）评价机制。评价机制包含评价方法、评价标准、评价结果应用等内容；明确了建设管理单位对业主项目部的综合评价内容及相关要求；明确了业主项目部对相关参建单位的综合评价或履约评价内容及相关要求。

本书还对有关名词术语进行了统一解释，详见附录 A。

本书相关使用说明如下：

（1）本书工作模板主要规范 10kV 及以下配电网架空线路、电缆线路、开关站、台区等各专业工作管理过程中主要模板的格式、内容，自印发之日起在国网山东电力系统 10kV 及以下配电网建设中统一执行。

（2）工程建设相关的表式分业主、监理、施工三个模板。本书仅针对业主项目部发起并填写的表式进行整理归类，由施工、监理项目部发起并填写的表式参见《10kV 及以下配电网工程项目部建设标准化管理（2022 年版） 施工项目部》《10kV 及以下配电网工程项目部建设标准化管理（2022 年版） 监理项目部》模板。

（3）业主管理模板代码的命名规则:“PYSZ”代表“配电网工程业主项目部设置”模板；“PYXM”代表“配电网工程业主项目部项目管理”模板；“PYAQ”代表“配电网工程业主项目部安全管理”模板；“PYZL”代表“配电网工程业主项目部质量管理”模板；“PYJJ”代表“配电网工程业主项目部技经管理”模板；“PYPJ”代表“配电网工程业主项目部总结评价管理”模板。

（4）管理模板的编号原则如下：

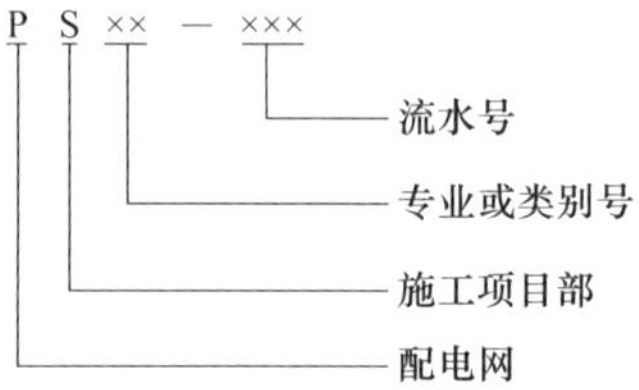

1）专业或类别号用来区分不同专业或专项里的同一种资料,用拼音首字母大写表述（如 SZ 代表设置、XM 代表项目、AQ 代表安全、ZL 代表质量等）。

2）流水号用来区分同一类模板，统一用 3 位数字填写，按形成的先后顺序编号，第 1 份为 001，第 2 份为 002，以此类推。

（5）表式内容填写总使用说明。

1）工程名称：以施工图设计文件名为准。

2）管理模板中业主项目部名称以业主项目部公章为准。除按填写、使用说明要求盖公司印章外，其他所有需要盖公章的，一律盖业主项目部公章。报审表中业主项目部审批意见栏经业主项目部项目经理审核签字，加盖业主项目部公章。

3）模板中施工项目部填写内容部分采用打印方式，监理项目部审查意见、业主项目部审查意见采用手写方式。

4）模板中所有姓名、日期的签署采用手写方式。业主项目部审查意见如果在栏内写不下，可附页，并注明“具体意见附后”字样。附页内容采用打印方式，并手写签署姓名、日期，加盖业主项目部公章。

本书相关内容若与上级最新有关要求和制度相悖，以上级要求和制度为准。

本书自印发之日起执行，原 2019 年版停止使用。

目　录

1 业主项目部设置

1.1 机构组建

1.1.1 机构定位

业主项目部是由建设管理单位组建，代表建设管理单位履行项目建设全过程管理职责的工程项目管理组织机构。

业主项目部工作实行项目经理负责制，项目部管理工作贯穿工程前期、工程建设和总结评价三个阶段，通过计划、组织、协调、监督、评价等管理手段，推动工程建设按计划实施，实现工程安全、质量、进度、造价等各项建设目标。

1.1.2 组建原则

所有配电网工程必须组建业主项目部。建设管理单位根据管理力量、建设管理任务、项目特点等实际情况，对同一区域、同期建设的配电网项目至少组建一个业主项目部；具有重大政治意义或国家专项资金工程，应遵循相应的资金使用要求，单独成立业主项目部。

建设管理单位原则上应在年底前由本单位人力资源部门正式行文确定次年业主项目部（见附录 C 中 PYSZ001），并报上级公司备案。业主项目部应配置专用公章。参建单位确定后，业主项目部组织机构成立通知文件应及时发送给各参建单位。

业主项目部人员发生变动时，应重新发文和报备。

1.1.3 组建方式

建设管理单位以满足建设管理承载力为前提，差异化组建业主项目部。

1. 市公司层面

市公司业主项目部设在项目管理中心配电网项目管理组，分集中型和分散型两种。

（1）集中型业主项目部：直供区配电网工程规模较小的在项目管理中心配电网项目组成立 1 个业主项目部（10kV 线路工程路径长度 / 台区数量少于 100km/200 个或同等工程量，按 10kV 线路工程 1km 与台区项目 2 个为同等工程量折算，其中，台区项目附带的 10kV 支线线路工程量作为一个台区项目的工程量，不再单独计入 10kV 线路工程的工程量，下同）。

（2）分散型业主项目部：直供区配电网工程规模较大的（超过上述工程量限值），原则上以设备管辖区域（如供电中心）为对象，在项目管理中心配电网项目组成立多个业主项目部。项目部组建行文时，须明确每个项目部的名称及管理项目范围。

2. 县公司层面

县公司依托配电网建设班成立业主项目部。配电网工程规模较小的，成立 1 个业主项目部；规模较大的，成立多个业主项目部（原则上线路工程路径长度 / 台区数量每增加

100km/200 个，增设 1 个业主项目部）。

1.2 资源配置

1.2.1 人员配置

（1）业主项目部配备项目经理、安全管理、项目管理、质量管理、技经管理 5 个关键岗位，人员应配置专责人员、不得兼职；每个业主项目部不宜少于 5 人；根据需要，可增设信息档案、物资协调管理等岗位，但任职人员若非业主项目部正式编制人员，必须有人力资源部门正式借用手续。

（2）业主项目部管理人员选配，必须以管理到位、履职尽责为原则，以实现最佳管理绩效为目的。

业主项目部主要岗位管理人员任职条件见表 1–1。

表 1–1　业主项目部主要岗位管理人员任职条件

岗位	岗位性质	兼任要求	任职条件
项目经理	关键	专职	（1）具有中级及以上职称； （2）具有 5 年以上工作经历及 3 年以上电网建设工作经历； （3）具有电力建设管理经验，具备配电网项目综合管理能力和良好的综合协调能力； （4）经省公司业主项目经理培训并考试合格
安全管理	关键	专职	（1）具有初级及以上职称或高级工及以上职业技能； （2）具有 1 年以上电网建设工作经历，具备电网安全管控能力； （3）经市公司及以上安全培训并考试合格
项目管理	关键	专职	（1）具有初级及以上职称或高级工及以上职业技能； （2）具有 3 年以上电网建设工作经历； （3）具有配电网项目全过程管理能力和良好的综合协调能力
质量管理	关键	专职	（1）具有初级及以上职称或高级工及以上职业技能； （2）具有 1 年以上电网建设工作经历； （3）掌握国网公司典型设计、标准化施工工艺及其他质量管理工作要求，具备电网质量和技术标准管控能力
技经管理	关键	专职	（1）具有初级及以上职称或高级工及以上职业技能； （2）具有 1 年以上电网建设工作经历，具备电网工程概预算编制经验
其他管理专责	一般	兼职或专职	应具有初级及以上职称或高级工及以上职业技能，具备相关专业管理经验（属地协调联系人除外）

1.2.2 办公环境

业主项目部应配备满足工程管理所必需的办公场所、办公设施、交通工具和通信工具，具备独立运作的条件。办公场所宜按照项目管辖区域设置，设立项目部铭牌，办公室需将组织机构牌、职责牌、工程建设相关规章制度（主要包括生产现场作业“十不干”、配电网工程安全管理“十八项”禁令等）设置上墙（见附录 E），业主项目部办公场所标准化配置见表 1–2。

表 1-2　　业主项目部办公场所标准化配置表

序号	名称	配备说明	必配 / 选配
一	办公场所		
1	办公面积	< $6m^2$/ 人	必配
2	会议室	1 间（独立）	必配
二	办公设施		
1	办公桌椅	数量按实际需求配备	必配
2	资料柜		必配
3	办公计算机		必配
4	电话机		必配
5	打印机		必配
6	复印机		必配
7	传真机		选配
8	扫描仪		必配
9	投影仪		必配
10	数码相机		选配
11	执法记录仪		必配
三	常规检测设备和工具		
1	测距仪	现场配置，数量和型号应满足工程要求	必配
2	钢卷尺 (5m)		必配
3	皮卷尺 (50m)		必配
4	望远镜		必配
5	游标卡尺		选配
四	个人安全防护用品（含疫情防护用品和物资）	数量按实际需求配备	必配
五	车辆		必配

1.3　工作职责

（1）贯彻执行并监督参建单位落实有关工程建设的国家法律法规，行业、国网公司规程和规范，以及国网公司各项管理制度和标准化建设要求。及时组织宣贯上级文件，做好来往文件记录。

（2）开展项目管理策划，组织编写工程建设管理纲要（见附录C中PYXM001），报建设管理单位审批；督促参建单位编写项目策划文件（设计策划见附录C中PYXM002，施工和监理策划见相应项目部分册），审批参建单位的项目策划文件并监督执行。

（3）参与工程设计、监理、施工及物资等招标工作，具体负责设计、监理、施工合同签订及约定条款的监督执行，监督、配合物资合同条款执行，及时协调合同执行过程中出现的有关问题。

（4）参与可研方案、初步设计审查；协助办理工程前期有关行政许可手续。

（5）组织设计、安全技术交底及施工图会检，监督纪要的闭环落实；必要时组织设计联络会，协调设计单位与物资供应商完成技术确认。

（6）组织召开工程例会，根据需要召开专题协调会，开展建设协调与监督检查，及时协调工程建设有关问题，检查工程各专业管理工作落实情况，提出改进措施；形成会议纪要（见附录C中PYXM007）并跟踪落实，重大问题上报建设管理单位协调解决。

（7）开展及参加各类安全、质量检查工作；监督、落实标准工艺应用及安全文明施工；按规定程序上报安全、质量事故（事件）；参加安全、质量事故（事件）调查。

（8）组织编制施工图预算并参与审查，开展工程设计变更与现场签证管理，按权限分级办理审批手续。审核工程款项支付申请，上报月度用款计划。

（9）配合物资管理部门跟踪到货情况，协调物资供应，满足现场进度要求；核查供应物资与现场使用物资的一致性。

（10）全面应用配电网工程管理信息系统，及时完成系统中工程数据的录入维护和审批工作。

（11）督促施工、监理单位开展施工自检和竣工预验收工作；参加隐蔽工程验收，组织中间验收、竣工验收，督促参建单位做好闭环整改。

（12）配合完成工程启动送电工作。工程投运后，及时对项目管理工作进行总结，对项目参建单位工作成效开展综合评价，并报送建设管理单位。

（13）组织开展工程结算工作，办理拆旧物资处置手续、结余物资退料手续等，配合完成工程竣工决算、工程审计等相关工作。

（14）负责监督施工项目部及时支付施工单位人员（劳务分包人员、农民工）工资。

（15）负责工程信息与档案资料的收集、整理、上报、移交工作。

（16）组织开展项目创优及项目部标准化建设工作。

（17）积极开展配电网新材料、新设备、新技术、新工艺的应用实施。

1.4 岗位职责

1.4.1 项目经理

业主项目经理是落实业主现场管理职责的第一责任人，全面负责业主项目部各项工作。

（1）组织工程建设管理纲要等管理策划文件的编制实施；审批工程设计、监理、施工单位编制的项目策划文件。

（2）组织对进度、安全、质量、造价管理工作计划落实情况进行检查、分析和纠偏；主持召开工程周例会、月度例会、专题协调会，协调解决存在的困难与问题。

（3）协助上报工程设计、监理、施工、物资招标申请，参与合同签订，监督合同执行。

（4）协助落实安全管理责任，定期参加或组织安全监督活动。

（5）参加上级组织的安全质量综合检查，组织参建单位做好迎检工作；参加工程安全事故（事件）和质量事故（事件）的调查。

（6）参加可研方案、工程初步设计审查；审查设计变更、现场签证；全面落实标准化建设要求。

（7）组织、参与工程外部协调及政策处理工作，重大问题及时上报建设管理单位；联系推动、协助相关单位及时开展开工手续办理工作。

（8）审核工程预付款、工程进度款、设计费、监理费、建设场地征用及清理费等工程款项支付申请，审核上报月度用款计划。

（9）参加工程中间验收工作；组织竣工验收，监督参建单位做好闭环整改。

（10）工程投产后，组织对项目管理工作进行总结，组织工程结算，对参建单位开展综合评价，对项目部其他管理人员进行工作评价，并将总结及评价结果及时报送建设管理单位。

（11）组织开展项目创优及项目部标准化建设工作。

1.4.2 安全管理

（1）负责工程项目安全综合管理和组织协调。

（2）核查监理、施工单位作业资质有效性；审核工程监理、施工单位编制的策划文件中的安全管理内容，并监督执行。

（3）参与工程现场应急处置方案（见附录C中PYXM003）的编制、交底，建立业主项目部安全管理台账（见附录C中PYAQ001）。

（4）监督施工分包安全管理，考核评价施工、监理项目部及分包队伍安全管理工作。

（5）组织安全技术交底工作。

（6）组织实施工程项目安全奖惩措施。

（7）组织安全检查活动，督促安全隐患闭环整改。

（8）配合工程安全事故（事件）的调查和处理工作。

1.4.3 项目管理

（1）负责开展工程建设总体策划和建设协调工作。

（2）编制工程建设管理纲要；督促设计、施工、监理等单位编制相应项目策划文件，并监督检查其落实情况。

（3）协助办理开工前的有关行政许可手续，核查并跟踪开工手续办理情况。

（4）督促设计、施工、监理等单位严格执行项目进度实施计划（里程碑计划），检查进度计划执行情况，分析偏差原因，提出纠偏措施。

（5）负责招标配合、服务类合同（含工程质量终身责任承诺书，见附录C中PYXM006）的签订工作；督促协调设计、施工、监理单位和物资供应商严格履行合同条款，并对其合同履行情况提出评价意见；参加对工程参建单位的综合评价。

（6）督促施工项目部上报停电施工方案和停电需求计划，配合建设管理单位审查停电计划，跟踪落实调度停电计划安排。

（7）负责工程属地协调的联系工作，及时完成工程外部环境协调工作，满足工程建设进度要求。

1.4.4 质量管理

（1）负责工程建设过程中的质量和技术管理工作。

（2）审查参建单位项目策划文件中的质量管理内容。

（3）监督检查工程建设标准强制性条文的执行，督促设计、施工、监理单位严格贯彻执行标准化建设要求。

（4）组织设计交底及施工图会检工作，必要时组织设计联络会。

（5）组织开展质量例行检查、随机检查活动，每月至少召开一次质量工作例会（可与工程例会合并召开），组织分析工程质量管理中存在的问题，提出改进措施并闭环整改。

（6）督促施工、监理单位开展施工自检和竣工预验收工作；参加隐蔽工程验收工作；参加竣工验收，督促参建单位做好闭环整改。

（7）对设计文件的质量进行评价。

（8）协调解决施工过程中出现的技术争议问题。

（9）组织配电网新材料、新设备、新技术、新工艺的应用实施，及时反馈、报送有关信息。

（10）配合工程质量事故（事件）的调查和处理工作。

1.4.5 技经管理

（1）负责工程建设过程中的造价管理与控制工作。

（2）组织编制并参与施工图预算审查，对审定的施工图预算书归档；参与工程合同签订。

（3）参与建设场地征用及清理赔偿协议的签订工作，组织整理、归档赔偿协议及凭证等。

（4）审核设计变更与现场签证费用，根据规定程序与权限报批。

（5）跟踪工程建设过程中的造价变化，对费用变化较大的情况应与概算做对比分析，及时掌握概算执行情况。

（6）负责组织参建单位提交工程结算资料，预审并上报工程结算，配合开展结算审计；配合造价分析、结算督查、竣工决算、审计、财务稽核以及固定资产转资等工作。

（7）监督施工项目部及时支付施工单位人员（劳务分包人员、农民工）工资。

1.4.6 信息档案管理

（1）负责业主项目部往来文件的收发（见附录 C 中 PYXM008）、整理、归档工作。

（2）负责根据项目档案管理有关要求，组织开展工程信息与档案资料的收集、整理、上报、移交工作。

（3）配合项目停电相关资料的收集提报，组织应用配电网工程管理信息系统，及时完成系统中工程数据的录入维护等工作。

（4）负责各类协调、申请文件的起草等。

1.4.7 物资协调管理

（1）负责工程建设过程中的物资管理与协调工作。

（2）负责编制物资需求及供应计划。

（3）督促并协调设计单位、物资供应商提交技术资料，必要时组织设计联络会，满足施工设计及物资供应要求。

（4）配合物资管理部门跟踪到货情况，协调物资供应，满足现场进度要求。

（5）组织核查供应物资与现场使用物资的一致性。

（6）监督并协调物资供应商做好现场服务工作。

（7）协调物资供应商及时完成质量缺陷处理。

（8）组织办理拆旧物资处置手续和结余物资退（移）库手续。

1.5 重点工作

配电网工程建设过程划分为工程前期、工程建设与总结评价三个阶段。业主项目部按照“全过程管控、突出重点”的原则开展过程管理。

1.5.1 工程前期阶段

工程前期阶段重点管理工作主要包括项目前期成果移交、招标配合及合同管理、项目管理策划、里程碑计划管理、设计管理、工程开工管理等。工程前期阶段重点工作见表 1–3（相关成果资料表单格式见附录 C）。

表 1–3 工程前期阶段重点工作

序号	重点工作	工作要求	主要成果资料
1	项目前期成果交接	可研批复、投资计划、项目前期规划许可等成果移交工作	可研报告、投资计划、项目前期工作成果及移交明细表
2	招标配合及合同管理	（1）编制服务类招标需求，参与招标文件编制及审查；代表建设管理单位签订合同	服务类招标文件、合同
		（2）完成物资需求预测，参与物资招标技术规范书编制及招标文件审查	物资招标技术规范书、招标文件
3	项目管理策划	（1）根据项目可研报告以及建设管理单位确定的工程建设目标，编制工程建设管理纲要	建设管理纲要；特殊项目根据工程实际情况需编制创优策划文件
		（2）审批设计、监理、施工单位项目策划文件	设计规划、监理规划、项目管理实施规划（施工组织设计）、项目进度计划等报审表
		（3）组织施工、监理项目部成立工程项目应急工作组，编制现场应急处置方案，履行批准、备案手续	应急工作组成立文件；现场应急处置方案
4	里程碑计划管理	（1）依据上级单位下达的配电网工程建设进度要求，编制工程项目里程碑计划	项目里程碑计划
		（2）组织施工单位编制具体施工进度计划	施工进度计划
		（3）根据项目进度实施计划编制物资需求计划	物资需求计划
5	设计管理	（1）参与项目初步设计审查	初设审查意见
		（2）督促设计单位按照项目设计计划出具施工图	施工图
		（3）组织施工图会检、施工图预算编制	施工图审查意见；施工图预算书
		（4）必要时组织设计联络会，协调设计单位与物资供应商完成技术确认	设计联络会纪要
6	工程开工管理	（1）审查施工项目部“三措一案”等相关文件	“三措一案”报审文件
		（2）组织办理建设工程施工许可等行政许可相关手续	施工许可证等手续
		（3）履行工程开工审批手续，审查开工条件的落实	工程开工报审记录
		（4）组织设计、安全技术交底	技术交底记录

1.5.2 工程建设阶段

工程建设阶段重点管理工作主要包括进度计划管理、建设协调管理、合同履约管理、安全管理、质量管理、造价管理、信息档案管理、验收管理、落实年度重点工作要求等。工程建设阶段重点工作见表 1–4（相关成果资料表单格式见附录 C）。

表 1–4　　　　工程建设阶段重点工作

序号	重点工作	工作要求	主要成果资料
1	进度计划管理	（1）编制项目进度实施里程碑计划，审批参建单位编制的各类进度计划	项目进度实施计划；设计计划；施工进度计划；停电计划
		（2）跟踪进度计划实施执行情况并及时纠偏	会议纪要；进度计划调整报审资料
2	建设协调管理	（1）定期召开工程例会，协调工程建设有关问题	工程例会纪要及相关会议材料
		（2）外部建设环境协调及政策处理	赔偿协议；支付凭证等
3	合同履约管理	（1）对设计、监理、施工合同的执行情况进行过程管控，协调合同执行中的各种问题	合同履约问题记录
		（2）跟踪工程物资供应情况，反馈物资质量问题	
4	安全管理	（1）组织项目部人员学习安全管理制度、技术标准；建立业主项目部安全管理台账	安全管理台账
		（2）落实风险管控要求，组织监理、施工项目部开展风险辨识，落实关键岗位人员到岗到位	安全检查问题整改通知单；安全检查问题整改反馈单
		（3）严格执行安全技术交底和安全监督制度，组织安全检查活动，审核参建单位及人员资质（含分包），监督安全隐患闭环整改	
		（4）加强施工机械、工器具，个人安全防护用品成品质量的跟踪检查	
		（5）定期组织安全培训及专题培训	安全培训记录；专题活动记录
		（6）落实安全责任考核	考核记录
5	质量管理	（1）监督配电网工程标准工艺应用、工厂化装配和机械化施工应用等执行情况	检查问题整改通知单
		（2）组织参建单位开展标准工艺宣贯和培训	培训通知、记录等
		（3）开展设备材料和施工质量过程监督	物资、施工质量检查记录
		（4）督促监理项目部对关键部位、关键工序进行旁站监理，做好对工程质量的检查、控制工作	旁站记录
		（5）组织进行质量例行检查、专项检查、随机检查	检查问题整改通知单；检查问题整改反馈单
		（6）组织重大停电、线路“三跨”、深基坑开挖、构架吊装、邻近带电体施工作业等特殊施工技术方案审查	相关审查意见
		（7）审查新技术应用成果在工程建设阶段的执行情况	新技术应用情况表
6	造价管理	（1）参与建设场地迁占、地面附着物赔偿等现场核实	
		（2）审核工程进度，确认进度款支付申请	
		（3）执行工程设计变更及现场签证管理制度，审核确认工程设计变更及现场签证中的费用等内容，履行审批手续	设计变更、工程签证审批单
		（4）核对工程建设实际工程量	

续表

序号	重点工作	工作要求	主要成果资料
7	信息档案管理	（1）结合工程建设进度，组织各参建单位同步开展过程档案资料整理	过程资料
		（2）根据信息化应用要求，及时开展信息系统数据维护、管控流程流转工作	信息系统应用
8	验收管理	（1）组织工程中间验收、竣工验收，组织责任单位对缺陷进行整改闭环	相关验收报告；缺陷整改闭环单等
		（2）参与投产验收，开展竣工工程移交等工作	配电网工程移交书
9	落实年度重点工作要求	结合建设管理单位各阶段重点工作安排，组织参建单位进行宣贯培训，制定实施方案，开展自查整改，配合上级开展监督检查工作	宣贯培训记录；重点工作实施方案；自查报告；整改闭环记录

1.5.3 总结评价阶段

总结评价阶段重点管理工作主要包括综合评价、工程结（决）算配合、建设管理总结、工程档案移交及工程创优等。总结评价阶段重点工作见表 1–5（相关成果资料表单格式见附录 C）。

表 1–5　　总结评价阶段重点工作

序号	重点工作	工作要求	主要成果资料
1	综合评价	（1）接受建设管理单位对业主项目部管理工作的综合评价	业主项目部综合评价表
		（2）根据工程建设合同执行情况，对监理项目部开展综合评价	监理项目部综合评价表
		（3）根据工程建设合同执行情况，对施工项目部开展综合评价	施工项目部综合评价表
		（4）配合建设管理单位完成施工图设计、现场服务、设计变更、竣工图设计质量评价	设计质量评价表
		（5）根据产品质量抽检、物资供应及售后服务等情况，对物资供应商提出履约评价建议	物资抽检报告（由物资部提供）；供应商不良行为情况表
2	工程结（决）算配合	组织参建单位提交结算资料，编制、审查、上报竣工结算文件；配合完成工程财务决算和工程审计以及固定资产转资等工作	竣工结算；决算报告等
3	建设管理总结	督促设计单位、监理、施工项目部在同一批次配电网工程投运后 20 日内完成工程总结。在同一批次配电网工程投运后一个月内编制完成工程建设管理总结	工程建设管理总结
4	工程档案移交	组织完成工程资料收集、整理、汇编成套，经检查验收合格，向建设管理单位档案部门或档案部门指定机构移交	
5	工程创优	组织参建单位配合达标投产考核、优质工程自检、整改、复验、验收。编写创优工作方案、计划，并组织参建单位落实各项工作；开展项目部标准化创建工作	创优相关文件资料

1.6 工作流程

业主项目部工作流程如图 1-1 所示。

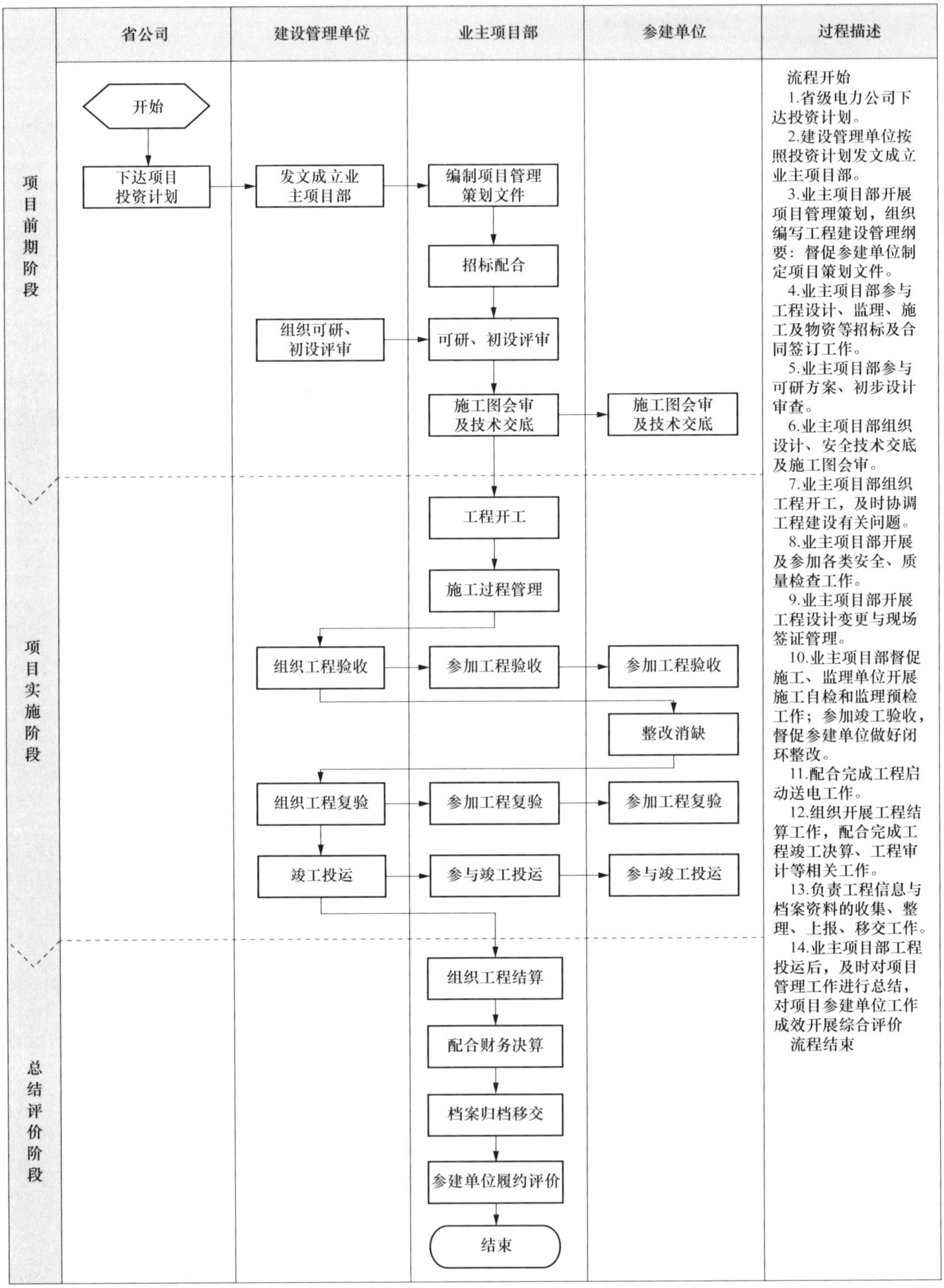

图 1-1　业主项目部工作流程图

2 项目管理

项目管理是指以进度管理为主线，通过计划、组织、控制与协调等管理手段，有序推动工程建设，全面实现项目建设目标的过程。业主项目部项目管理包括进度计划管理、合同履约管理、建设协调管理、信息化管理、档案管理和验收管理。

2.1 进度计划管理

（1）检查参建单位项目进度实施计划执行情况，采取有效措施纠正进度偏差，定期编制工程建设进度报表。

（2）工程开工后，督促、组织施工项目部在相关工程管理信息系统中填报工程实际进度，动态检查项目进度实施计划执行情况，及时采取有效措施纠正进度偏差。

（3）组织审查施工项目部上报的“三措一案”等相关文件。督促施工项目部根据工程进度及时向设备运维管理单位、业主项目部提报停电需求计划，参加建设管理单位组织的停电计划审查，监督施工项目部落实停电施工的组织措施和技术措施，确保停电计划按期执行。

（4）因不可抗力、外部条件、设备供货延期等原因，影响项目进度时，提出进度计划调整申请，报建设管理单位审查批准。

2.2 合同履约管理

（1）负责对设计、监理、施工合同的执行情况进行过程管控，及时协调合同执行过程中的各种问题。

（2）对物资供应情况进行监督管理，及时通过物资协调联系人向物资部门反馈物资供货履约的各种问题。

（3）依据设计、监理、施工合同等履约情况，审查合同款支付手续；审核各参建单位的索赔申请，上报建设管理单位。

（4）项目主要设计人员以及监理项目部、施工项目部的主要管理人员工作开展不称职的，可向相关单位提出人员撤换要求。审批监理单位、施工单位提出的监理、施工项目部主要管理人员变换申请。

（5）工程竣工投运后两个月内，完成对设计、监理合同和施工合同执行以及履约情况的总体评价。

2.3 建设协调管理

（1）组织召开工程周例会、月度例会，并根据需要召开专题协调会，及时协调工程建设及合同执行过程中出现的进度、安全、质量、物资等问题，签发会议纪要（见附录C中PYXM007）并跟踪落实。

（2）组织甲方代表开展项目建设外部协调和政策处理工作，重大制约性问题上报建设管理单位。

（3）督促物资部门动态跟踪设备、材料的生产和供货情况，及时协调物资供应中出现的问题，并将物资质量问题及对工程进度的影响及时上报建设管理单位。

2.4 信息化管理

（1）执行配电网信息化各项管理要求，组织各参建项目部在相关工程管理信息系统中及时、准确、完整地填报涉及本项目部的信息。

（2）指导、监督监理、施工项目部配电网工程信息化应用工作，做好配电网工程安全质量过程信息数据的采集、整理、录入。收集、分析、上报配电网建设信息化应用过程中的问题和建议。

（3）通过配电网工程管理信息系统、视频监控、移动应用等信息化手段，进行工程建设全过程现场管控。

（4）对信息数据采集、整理、录入等情况开展检查，及时反馈发现的问题，视应用情况纳入评价。

（5）工程竣工后，组织各参建项目部完成信息数据整理、归档，按要求移交保管。

2.5 档案管理

（1）审核由监理项目部汇总编制的工程建设监理月报。

（2）及时组织收发、宣贯上级文件，做好各类材料收发记录。

（3）按照配电网建设项目档案管理要求，及时收集、整理工程资料及影像资料，督促有关单位及时完成档案文件的汇总、组卷、编目、移交（含电子档案）。

（4）及时督促检查工程档案资料情况，确保配电网建设项目档案管理工作与项目建设同步进行。监理项目部、施工项目部在批次工程竣工后1个月内向业主项目部提交相关档案资料，业主项目部在竣工后3个月内向建设管理单位档案部门归档全部项目文件。

（5）配合建设管理单位档案部门完成档案验收。

2.6 验收管理

（1）组织工程中间验收、竣工验收；督促施工、监理单位开展施工自检和监理预验收（初检）工作。

（2）督促参建单位对验收发现的问题做好闭环整改；配合完成工程启动送电工作。

3 安全管理

业主项目部在安全管理上负责工程项目现场安全综合管理和组织协调，组织监理、施工项目部落实相应的安全职责，落实业主、监理、施工三个项目部现场安全管控机制。业主项目部安全管理的主要内容包括安全文明施工管理、分包安全管理、安全风险管理、安全检查、安全管理评价、应急与事故处理、安全责任考核等。

3.1 安全文明施工管理

（1）组织监理、施工项目部管理人员学习有关管理制度、技术标准；建立业主项目部安全管理台账（见附录 C 中 PYAQ001）。

（2）组织核查监理和施工单位资质有效性、相关人员持证情况。

（3）组织审查施工合同和安全协议中安全文明施工内容。审核监理、施工单位编制的策划文件中安全管理内容，并监督执行。

（4）组织审查招标文件、施工合同和安全协议中安全文明施工内容，按规定在合同中计列工程项目安全文明施工费。监督施工单位按合同约定落实安全文明施工费足额投入、专款专用，确保相关费用落实到位。

（5）工程建设过程中，开展现场安全文明施工检查工作，督促参建单位做好现场安全文明施工管理。根据合同相关条款约定做出奖励、处罚，作为对工程各参建单位考核评价的依据，工程结算时扣除安全文明施工处罚费用。

（6）对工程项目安全文明施工管理工作不称职的管理人员，提出撤换要求，并对相关人员、单位提出考核意见。组织开展安全文明施工标准化学习和经验交流活动。

（7）项目竣工时，检查基坑、路面、绿化带等恢复措施落实情况，组织收集、归档施工过程安全及环境等方面的相关资料。

3.2 分包安全管理

（1）配电网工程的主体工程不得采取劳务分包以外的其他形式进行分包。非主体或关键性工作分包应依法合规，禁止无资质队伍采取资质借用、挂靠等手段参与分包，并不得再次分包。

（2）开工前，审查工程分包计划及分包申请，分包单位资质应符合国家、行业相关要求，不得超越资质范围承揽工程，应同时签订分包合同和安全协议；监督施工项目部贯彻落实分包管理要求，审批施工项目部报送的“同进同出”人员名单。

（3）履行专业分包单位进场验证检查手续，核查分包单位施工资质、安全生产资质、人员配备和队伍管理能力，确保分包单位的施工能力满足工程需要。跟踪、考核施工项目部对分包人员动态管理的执行情况，施工过程中不定期检查现场分包人员信息及进出场情况。

（4）监督施工项目部组织开展劳务分包人员定期培训、入场培训、过程培训及考试。

（5）组织监理、施工项目部对专业分包单位进行月度检查考核，及时掌握在建工程的分包情况，将评分结果和评价意见报送建设管理单位。

（6）督促施工单位及时支付工程款或劳务费用（含农民工工资）。

3.3 安全风险管理

（1）落实相关制度要求，负责组织参建项目部落实施工安全风险管理要求。

（2）工程开工前，组织设计、监理、施工项目部开展安全交底。

（3）组织实施作业风险管控工作，审查作业风险等级，组织监理、施工项目部严格按照作业风险分类规范开展风险过程管理工作。

（4）每月梳理汇总安全施工风险作业，对涉及邻近带电体、重要跨越等符合预警情况的施工作业，向建设管理单位报送预警信息。

（5）在日常安全检查和专项督查中，将施工作业安全风险过程管理作为主要内容；通过检查施工方案完整性、针对性、可行性和风险预控措施现场落实情况，检验风险管理效果。

3.4 安全检查

（1）根据工程项目实际情况，开展例行检查、专项检查、随机检查、安全巡查和隐患排查等活动。

（2）严格落实现场安全管理责任，组织监理、施工项目部每月至少进行一次安全检查。对工程所有关键点的安全管控措施，监督施工项目部进行全数自查，督促监理项目部进行检查。

（3）各类检查应按照检查提纲或检查表认真开展，针对检查发现的问题下达检查问题整改通知单（见附录 C 中 PYAQ002），要求责任单位整改并填写检查问题整改反馈单（见附录 C 中 PYAQ003），对整改情况进行复查，汇总反馈至检查组织单位。

（4）对因故不能立即整改的问题，督促责任单位采取临时措施，并制定整改措施计划报上级批准，分阶段实施。对于构成安全隐患的问题，整改要求和程序严格执行省公司关于隐患排查治理的相关规定。

（5）每月至少组织召开一次工程安全工作例会，针对安全检查中发现的问题进行通报和专题分析，督促责任单位制定针对性措施，保证现场安全受控。

3.5 安全管理评价

（1）定期组织开展安全管理检查评价，检查和评价结果纳入监理、施工项目部综合评价内容，在工程结算时，依据合同进行经济处罚。

（2）配合建设管理单位、上级公司做好安全管理评价工作。

3.6 应急与事故处理

（1）督促施工项目部制定并落实经费保障、医疗保障、交通运输保障、物资保障、治安保障和后勤保障等措施，确保应急救援工作的顺利进行。在工程开工后或每年至少组织一次应急救援知识培训和应急演练，业主项目部督促施工项目部开展应急演练，业主项目部、监理项目部参加应急演练。

（2）监督施工项目部建立应急救援队伍，配备应急救援物资和器具，开展应急救援培训。建立现场应急值班制度，值班人员及通信方式在其管理范围内公布，并确保通信畅通。

（3）项目应急工作组接到应急信息后，立即按规定启动现场应急处置方案，组织救援工作，同时上报建设管理单位应急管理机构。

（4）发生安全事件后，迅速组织抢救伤员，并派专人严格保护现场。配电网安全事件实行即时报告制度，报告应及时、准确、完整，不得迟报、漏报、谎报或者瞒报。

（5）配合项目安全事件调查分析与处理，认真落实事故调查处理结论和整改措施要求，在征得事故（事件）调查组的同意后，组织事故（事件）现场的处理与恢复。

3.7 安全责任考核

（1）对施工队伍管理、现场勘察、施工方案、工作票执行、作业现场安全措施等情况定期分析评价、考核。

（2）检查和评价结果纳入对监理、施工项目部综合评价内容，在工程结算时，依据合同进行经济考核。

4 质量管理

业主项目部质量管理工作可分为设计管理、质量检查、标准工艺应用管理、设备材料质量管理、施工质量管理、重点环节和工序的质量管理、配电网新技术研究及应用。

4.1 设计管理

（1）参与项目可行性研究报告和初步设计审查，重点审查项目实施可行性、典型设计及标准物料的应用、初步设计概算的编制深度、概算资料完整性。

（2）督促设计单位按照项目设计计划出具施工图。

（3）组织施工图会检，监督纪要的闭环落实；必要时组织设计联络会，协调设计单位与物资供应商完成技术确认。

（4）审核确认设计单位提供的初步设计（施工图设计）与可研批复技术方案差异，履行相关调整、审批手续。

（5）审核确认工程设计变更中的技术内容，执行工程设计变更（现场签证）制度，履行工程设计变更（现场签证）审批手续。

（6）收到工程竣工图后，完成从施工图设计至竣工图设计阶段的设计质量评价。

4.2 质量检查

（1）对工程质量进行全过程管理，通过组织召开质量分析会、开展质量专项检查等方式，监督工程质量管理制度、标准工艺应用等执行情况。

（2）对设计、施工、监理等单位投入本工程的技术力量、人力和设备等资源情况进行检查。

（3）组织开展各阶段质量监督检查，落实问题的整改闭环工作。

（4）组织工程月度例会，协调工程项目质量管理中存在的问题，提出改进措施并督促闭环整改。

（5）督促监理项目部对关键部位、关键工序进行旁站监理，做好对工程质量的检查、控制工作，填报检查问题整改通知单（见附录 C 中 PYAQ002）。配合做好各级工程项目质量巡检，督促责任单位对质量缺陷进行整改闭环，填报检查问题整改反馈单（见附录 C 中 PYAQ003），并确认整改结果。

（6）组织工程质量中间验收，参与隐蔽工程验收，督促施工、监理单位完成施工单位三级自检和竣工预验收，督促问题整改闭环。

（7）及时将工程项目质量管理的相关文件、资料整理归档。

4.3 标准工艺应用管理

（1）在工程建设管理纲要中明确标准工艺实施的目标和要求，组织参建各方开展标准工艺实施策划，监督工程建设标准工艺应用等执行情况。

（2）组织参建单位开展标准工艺宣贯和培训。督促施工单位执行工厂化预制、成套化配送、装配化施工、机械化作业等作业组织模式。

（3）施工图会检时，组织审查典型设计和标准物料执行情况。

（4）在工程检查、中间验收等环节，检查标准工艺实施情况。

（5）收集典型设计和各类技术标准执行中存在的问题、各标准间差异条款，提出修订建议。

4.4 设备材料质量管理

（1）组织物资部门、监理、施工等单位共同开展到货验收，重点检查装箱单、合格证和出厂报告三证是否齐全，核对主设备及主要组部件型号、规格、技术参数等是否符合合同要求，是否与投标文件一致。

（2）督促监理项目部组织开展主要设备材料的开箱检查，以及设备材料的进场检验、见证取样工作。

（3）督促监理项目部审查乙供材供应商资质、原材料试验报告，对原材料进行见证取样、送检。

（4）在安装、调试和验收期间发现设备材料质量不符合要求时，提请物资管理部门协调解决。

（5）配合开展配电设备专项技术监督工作。

4.5 施工质量管理

（1）督促监理项目部、施工项目部对《配电网施工检修工艺规范》（Q/GDW 10742—2016）、《配电网工程工艺质量典型问题及解析》等规范文件中明确的施工要点制定有效管控措施，对施工质量实施管控。

（2）监督检查施工装备进场报验，不定期组织施工装备使用情况抽查。

（3）督促施工单位按规定完成重大停电、线路“三跨”、深基坑开挖、设备吊装、邻近带电体施工作业等专项施工方案内部审批或专家论证，组织审查并审批专项施工方案，监督检查专项施工技术方案中技术措施的准备和落实情况。

（4）监督检查工厂化预制、机械化施工的实施应用，开展工厂化、机械化应用率评价。

（5）配合施工质量事故（事件）的调查和处理工作。

4.6 重点环节和工序的质量管理

根据配电网建设工程标准工艺管控措施、主要电气设备安装质量工艺关键环节管控等质量管理要求，对以下重点环节和工序制定有效管控措施。

（1）土建施工：开关站（配电室）的基础及主体结构混凝土浇筑、屋面防水及保温；配电设备（箱式变压器、环网单元、电缆分支箱）的基础混凝土浇筑；杆塔的基础混凝土浇筑、钢筋笼入孔；电缆工作井混凝土浇筑等。

（2）电缆施工：电缆中间接头（终端头）制作及试验等。

（3）配电变压器施工：变压器就位等。

（4）配电网自动化装置施工：终端调试等。

4.7 配电网新技术研究及应用

（1）监督检查配电网工程新技术研究项目的研究进度、阶段成果和质量水平，按时报送研究项目实施情况，配合研究项目验收。

（2）审查配电网新技术应用成果在工程建设阶段的执行情况，按时报送配电网工程新技术应用情况表（见附录 C 中 PYZL001）。

5 技经管理

业主项目部技经管理工作的管理范围包括概预算管理、工程量管理、建设场地征用及清理费用管理、进度款管理、工程设计变更与现场签证管理、结算与决算配合管理。

5.1 概预算管理

（1）督促设计单位按期提交概算书，参加初步设计文件内部审查；组织编制并参与施工图预算审查，对审定的施工图预算书归档。

（2）跟踪工程建设过程中的造价变化，对费用变化较大的情况应与概算做对比分析，及时掌握概算执行情况。

5.2 工程量管理

（1）组织设计单位和监理单位审核设计工程量，形成审定版的设计工程量文件。

（2）审核确认施工单位及监理单位提交的隐蔽工程录像、图片等过程文件资料，纳入工程结算的证明性材料。

（3）依据设计图纸、工程设计变更和现场签证等，组织设计、施工、监理和造价咨询等单位进行工程量计算及审核，形成施工、监理、业主项目部及设计四方签字确认的工程量管理文件和工程量变化情况分析报告，并提交建设管理单位。

（4）负责将设计单位提供的施工图阶段设备材料清册与现场实物进行对比，确保对应工程量甲供物资应用的准确性。

5.3 建设场地征用及清理费用管理

（1）参与建设场地征用及清理赔偿等工作，现场核实赔偿工程量，做到“量准价实”。

（2）据实办理建设场地征用及清理费用支付，确保协议、票据、支付凭证等的真实性与合法合规性，原则上采取电子支付。

（3）及时组织整理、汇总、归档赔偿协议、支付凭证等资料。

5.4 进度款管理

按照合同和现场实际工程进度，审批工程进度款报审表（依据财务部门最新要求执行），向建设管理单位提出支付意见。

5.5 工程设计变更与现场签证管理

（1）组织及时办理设计变更与现场签证，预审签证审批单（见附录 C 中 PYJJ001、PYJJ002）、工程设计变更审批单（见附录 C 中 PYJJ003）的技术及费用内容，根据规定程序对流转流程催办上报。

（2）业主项目部质量、技经管理人员应在设计变更、现场签证中签署技术、费用意见。

（3）参与具体落实设计变更与现场签证实施的监督检查和文件归档等工作。

5.6 结算与决算配合管理

（1）组织参建单位提交工程结算资料，预审并上报工程结算，配合开展结算审计。

（2）配合造价分析、结算督查、竣工决算、审计、财务稽核、固定资产转资及各类巡视巡查工作。

6 总结评价

6.1 业主项目部评价

（1）在工程投产后一个月内，接受并配合建设管理单位对业主项目部管理工作的综合评价。对业主项目部的综合评价主要包括业主项目部标准化建设、重点工作开展情况、工作成效三个方面。业主项目部综合评价指标及考评标准见业主项目部综合评价表（见附录C中PYPJ001）。

（2）接受并配合建设管理单位对业主项目部的配电网建设“交规计分制”评价（见附录C中PYPJ002）。评价周期为每半年一次，综合评价否决项有5项，出现任意一项责任人一票否决。评价采取负面计分方式，分为整体评价和个人评价，个人计分最高12分、整体计分最高60分，其中整体评价计分为5名关键岗位人员计分总和。党员身份评价按照计分标准双倍进行计分。省公司设备部配电处审核、汇总各市公司评价情况，市、县公司人资部参照省公司发布的年度评价结果落实考核、评优、人员岗位调整等工作。

6.2 工程实施质量评价

（1）按照“一项目一评价”方式，以项目为单元，每年度定期对监理、施工项目部开展工程实施质量评价，配合建设管理单位对设计单位开展工程实施质量评价。

（2）工程实施质量评价包括单项工程执行中的安全管理、质量管理、进度管理、造价管理、队伍管理、档案管理等方面内容（见附录C中PYPJ006 ~ PYPJ008）。

6.3 服务类供应商综合评价

（1）配合建设管理单位对服务类供应商开展综合评价，综合评价包括供应商综合能力评价（包括人员配置、人员资格、装备配备、项目部建设、管理制度等方面内容，见附录C中PYPJ003 ~ PYPJ005）、否决项条款评价（见附录C中PYPJ009）、直接加减分项评价（见附录C中PYPJ010）。综合评价按照“一单位一评价”方式，每年度评价一次。

（2）评价结果纳入服务类供应商年度履约评价，并作为后续配电网工程服务采购的重要参考依据。

6.4 物资供应商履约评价

（1）在项目实施过程中，依据物资产品相关技术标准、质量标准及物资供应合同，配合建设管理单位物资管理部门对物资供应商在产品设计、生产制造、发货运输、交货验收、安装调试、售后服务等方面的履约行为进行全过程评价。发现物资供应商存在违约行为时，应及时填写供应商不良行为情况表（见附录 C 中 PYPJ011），并上报建设管理单位；建设管理单位定期将收集和责任认定的专业管理范围内涉及的供应商不良行为反馈至物资管理部门。

（2）对于业主项目部上报的供应商不良行为，各级物资管理部门应按照物资绩效评价相关规定在对物资供应商绩效评价工作中予以挂钩落实，并作为各级物资管理部门对物资供应商合同结算的依据。

6.5 专业分包评价考核

（1）各单位业主项目部、监理项目部应定期对施工单位专业分包管理进行监督检查，及时掌握在建工程的专业分包情况；对违反相关专业分包管理规定的施工单位，依据招标文件和施工合同，责令其改进或停工整顿，由此造成的违约责任及经济损失应由施工单位承担。

（2）发生分包安全质量事故（件）和不稳定事件，按照国家有关法律法规和国网公司、省公司有关事故（件）调查处理规定执行。各级单位应依据安全质量奖惩有关规章制度，严肃追究工程建设管理单位和施工单位责任。

（3）在工程建设期间，业主、监理、施工项目部定期对专业分包队伍进行包括安全、质量、进度、文明施工、标准工艺应用、施工机具、分包人员等方面的考核评价，并将评价结果纳入对施工承包商的资信评价。

（4）分包作业结束后，业主项目部应及时组织监理、施工项目部进行专业分包队伍评价，考核评价结果作为确定合格专业分包队伍名录的重要依据。

6.6 安全责任量化考核

（1）执行配电网工程安全责任量化考核，对参与配电网工程建设的各责任主体的履责行为进行量化计分，填写配电网工程安全责任量化考核计分表（见附录 C 中 PYPJ012），并以计分结果对责任主体进行考核，以提高各主体的安全管理履责意识，规范参建人员的安全行为，夯实现场安全管理基础。

（2）省公司监督各单位工程建设管理单位、监理、施工企业落实量化考核工作要求；各单位负责检查辖区内配电网工程施工现场管控措施的落实，执行、落实量化考核的各项规定与要求，指导、监督业主项目部开展量化考核工作。

（3）量化考核基准分值为 100 分，得分低于 90 分视为不合格。

（4）施工、监理单位量化考核得分纳入“黑名单”和“负面清单”评价体系。

（5）量化考核以“四不两直”检查、交叉互查、自查等形式进行，定期公布考核结果。

6.7　工程建设管理总结

（1）督促设计单位、监理、施工项目部在同一批次配电网工程投运后20日内完成工程总结。

（2）同一批次配电网工程投运后一个月内编制完成工程建设管理总结（见附录C中PYPJ013）。

6.8　工程档案移交

依据《国家电网公司关于进一步加强农网工程项目档案管理的意见》（国家电网办〔2016〕1039号）、《国网山东省电力公司10千伏及以下配电网工程项目档案管理办法》（鲁电办〔2019〕868号）要求，按时组织完成工程资料收集、整理、汇编成套，经检查验收合格，向建设管理单位档案部门或档案部门指定的机构移交（见附录D）。

6.9　工程创优

按照《国家电网公司配电网优质工程评选管理办法》[国网（运检/3）922—2018]、《国家电网有限公司配电网百佳工程评选标准（试行）》要求，编写创优工作方案、计划，并组织参建单位落实配电网优质工程、项目部标准化建设的自验、整改、验收、核验等各项工作。

附录 A　名词术语

1. 省公司

省公司是指国网公司直属建设分公司及省、自治区、直辖市电力公司。

2. 地市公司

地市公司是指省公司下属的地市级供电公司。

3. 县公司

县公司是指地市公司下属的县级供电公司。

4. 建设管理单位

建设管理单位是指受项目法人单位委托对电网项目进行建设管理的各级单位。

5. 施工分包

施工分包是指施工承包商将其承包工程中的专业工程或劳务作业发包给其他具有相应资质等级的施工单位完成的活动。

6. 标准工艺

标准工艺是指按照相关质量管理要求，对配电网工程质量管理、工艺设计、施工工艺和施工技术等方面成熟经验、有效措施的总结与提炼而形成的系列成果，由最新版的配电网工程典型设计和标准工艺图册、施工技术交底手册等组成，经国网公司或各网省公司统一发布、推广应用。

7. 施工图预算

施工图预算是指以施工图设计文件为依据，按照规定的程序、方法和依据，在工程施工前对配电网工程造价进行的预测与计算。

8. 工程量管理

工程量管理是指工程项目实施过程中，依据设计图纸、工程设计变更和现场签证等，按照工程量计算规则，对施工工程量进行的计算和审核等管理工作。

9. 工程概算

工程概算是工程初步设计概算的简称，是编制工程投资计划、招标、施工图预算、工程结算的重要依据。在初步设计阶段，应根据初步设计文件、定额和费用计算有关规定编制概算。

10. 批准概算

批准概算是批复的工程概算的简称，是指工程建设的投资限额，原则上不做调整。

11. 设计变更

设计变更是指工程实施过程中因设计或非设计原因引起的对施工图设计文件的改变。

12. 现场签证

现场签证是指在施工过程中除设计变更外，其他涉及工程量增减、合同内容变更以及合同约定发承包双方需确认事项的签认证明。

13. 工程结算

工程结算是指对工程发承包合同价款进行约定和依据合同约定进行工程预付款、工程进度款、工程竣工价款结算的活动。工程结算范围包括工程建设全过程中的建筑工程费、安装工程费、设备购置费和其他费用等。

14. 竣工决算

竣工决算是指综合反映基本建设工程投资情况、工程概预算执行情况、建设成果和财务状况的总结性文件，是正确核定新增资产价值的重要依据。

15. 建设工程规划许可

根据《中华人民共和国城乡规划法》，在城市、镇规划区内进行建筑物、构筑物、道路、管线和其他工程建设的，建设单位或者个人应当向城市、县人民政府城乡规划主管部门或者省、自治区、直辖市人民政府确定的镇人民政府申请办理建设工程规划许可证，应当提交使用土地的有关证明文件、建设工程设计方案等材料。

16. 施工许可

根据《中华人民共和国建筑法》，建筑工程开工前，建设管理单位应当按照国家有关规定向工程所在地县级以上人民政府建设行政主管部门申请领取施工许可证。

17. 工程施工“三措一案”

工程施工“三措一案”是指施工单位编制的组织措施、技术措施、安全措施及施工方案。

18. 电力线路“三跨”

电力线路“三跨”是指线路跨越高速铁路、高速公路和重要输电通道。

19.“四不两直”

“四不两直”是指不发通知、不打招呼、不听汇报、不用陪同接待，直奔基层、直插现场。

附录 B　业主项目部基本规范和标准配置表

分类	序号	名　称	备　注
法律法规	1	中华人民共和国民法典	中华人民共和国主席令第 45 号
	2	中华人民共和国环境保护法	中华人民共和国主席令第 9 号，2014 年 4 月 24 日修订
	3	中华人民共和国土地管理法	中华人民共和国主席令第 28 号，2019 年 8 月 26 日修订
	4	中华人民共和国水土保持法	中华人民共和国主席令第 39 号，2010 年 12 月 15 日修订
	5	中华人民共和国电力法	中华人民共和国主席令第 60 号，2018 年 12 月 9 日修订
	6	中华人民共和国安全生产法	中华人民共和国主席令第 13 号，2021 年 6 月 10 日修订
	7	中华人民共和国建筑法	中华人民共和国主席令第 46 号，2019 年 4 月 23 日修订
	8	中华人民共和国水土保持法实施条例	中华人民共和国国务院令第 120 号，2011 年 1 月 8 日修订
	9	建设项目环境保护条例	中华人民共和国国务院令第 253 号，2017 年 7 月 16 日修订
	10	中华人民共和国土地管理法实施条例	中华人民共和国国务院令第 256 号，2014 年 7 月 29 日修订
	11	建设工程质量管理条例	中华人民共和国国务院令第 279 号
	12	建设工程安全生产管理条例	中华人民共和国国务院令第 393 号
	13	生产安全事故报告和调查处理条例	中华人民共和国国务院令第 493 号
	14	建设项目用地预审管理办法	中华人民共和国国土资源部令第 42 号，2016 年 11 月 25 日修订
	15	建筑工程施工发包与承包计价管理办法	中华人民共和国住房和城乡建设部令第 16 号
	16	建设工程价款结算试行办法	财建〔2004〕369 号
	17	建筑安装工程费用项目组成	建标〔2013〕44 号
	18	工程建设标准强制性条文 房屋建筑部分	2013 年版
	19	工程建设标准强制性条文 电力工程部分	2016 年版

续表

分类	序号	名　　称	备　　注
国家现行标准及文件	20	建设工程项目管理规范	GB/T 50326—2017
	21	建设工程监理规范	GB/T 50319—2013
	22	城市电力规划规范	GB/T 50293—2014
	23	建设工程工程量清单计价规范	GB 50500—2013
	24	质量管理体系　基础和术语	GB/T 19000—2016
	25	质量管理体系　要求	GB/T 19001—2016
	26	供配电系统设计规范	GB 50052—2009
	27	3 ~ 110kV 高压配电装置设计规范	GB 50060—2008
	28	低压配电设计规范	GB 50054—2011
	29	20kV 及以下变电所设计规范	GB 50053—2013
	30	电力工程电缆设计标准	GB 50217—2018
	31	工程测量标准	GB 50026—2020
	32	湿陷性黄土地区建筑标准	GB 50025—2018
	33	钢筋混凝土用钢　第 1 部分：热轧光圆钢筋	GB 1499.1—2017
	34	钢筋混凝土用钢　第 2 部分：热轧带肋钢筋	GB 1499.2—2018
	35	通用硅酸盐水泥	GB 175—2007/XG3—2018
	36	土工试验方法标准	GB/T 50123—2019
	37	建设用砂	GB/T 14684—2011（新版本将于 2022 年 11 月实施）
	38	混凝土物理力学性能试验方法标准	GB/T 50081—2019
	39	建设工程施工现场供用电安全规范	GB 50194—2014
	40	电气装置安装工程　低压电器施工及验收规范	GB 50254—2014
	41	电气装置安装工程　电气设备交接试验标准	GB 50150—2016
	42	电气装置安装工程　电缆线路施工及验收标准	GB 50168—2018
	43	电气装置安装工程　接地装置施工验收及规范	GB 50169—2017
	44	电气装置安装工程　母线装置施工及验收规范	GB 50149—2010
	45	电气装置安装工程　盘、柜及二次回路接线施工及验收规范	GB 50171—2012
	46	电气装置安装工程　电力变压器、油浸电抗器、互感器施工及验收规范	GB 50148—2010
	47	电气装置安装工程　66kV 及以下架空电力线路施工及验收规范	GB 50173—2014
	48	架空配电线路带电安装及作业工具设备	DL/T 858—2004
	49	电力金具通用技术条件	GB/T 2314—2008
	50	低压系统内设备的绝缘配合　第 1 部分：原理、要求和试验	GB/T 16935.1—2008

续表

分类	序号	名　称	备　注
国家现行标准及文件	51	低压系统内设备的绝缘配合　第 2–1 部分：应用指南 GB/T 16935 系列应用解释，定尺示例及介电试验	GB/T 16935.2—2013
	52	低压系统内设备的绝缘配合　第 3 部分：利用涂层、灌封和模压进行防污保护	GB/T 16935.3—2016
	53	低压系统内设备的绝缘配合　第 4 部分：高频电压应力考虑事项	GB/T 16935.4—2011
	54	低压系统内设备的绝缘配合　第 5 部分：不超过 2mm 的电气间隙和爬电距离的确定方法	GB/T 16935.5—2008
	55	绝缘配合　第 1 部分：定义、原则和规则	GB/T 311.1—2012
	56	配电线路带电作业技术导则	GB/T 18857—2019
	57	输电线路铁塔制造技术条件	GB/T 2694—2018
	58	圆线同心绞架空导线	GB/T 1179—2017
	59	高压绝缘子瓷件　技术条件	GB/T 772—2005
	60	农村电网改造升级工程验收指南	国能综新能〔2013〕92 号
	61	山东省中央预算内投资农村电网改造升级工程验收实施细则	鲁发改能交〔2016〕765 号
行业现行标准及文件	62	电力建设房屋工程质量通病防治工作规定	电建质监〔2004〕18 号
	63	电力建设工程监理规范	DL/T 5434—2021
	64	10kV 及以下架空配电线路设计规范	DL/T 5220—2021
	65	城市电力电缆线路设计技术规定	DL/T 5221—2016
	66	架空绝缘配电线路设计技术规程	DL/T 601—1996
	67	跨越电力线路架线施工规程	DL/T 5106—2017
	68	架空输电线路杆塔结构设计技术规程	DL/T 5486—2020
	69	架空输电线路基础设计技术规程	DL/T 5219—2014
	70	建筑施工高处作业安全技术规范	JGJ 80—2016
	71	施工现场临时用电安全技术规范	JGJ 46—2005
	72	建筑工程冬期施工规程	JGJ/T 104—2011
	73	普通混凝土配合比设计规程	JGJ 55—2011
	74	电力工程地基处理技术规程	DL/T 5024—2020
	75	建筑地基处理技术规范	JGJ 79—2012
	76	钢筋焊接及验收规程	JGJ 18—2012
	77	普通混凝土用砂、石质量及检验方法标准	JGJ 52—2006
	78	混凝土用水标准	JGJ 63—2006
	79	回弹法检测混凝土抗压强度技术规程	JGJ/T 23—2011
	80	钢筋焊接接头试验方法标准	JGJ/T 27—2014
	81	交流电气装置的过电压保护和绝缘配合	DL/T 620—1997
	82	电气装置安装工程质量检验及评定规程	DL/T 5161.1 ~ 5161.17—2018
	83	电力建设安全工作规程　第 2 部分：电力线路	DL 5009.2—2013

续表

分类	序号	名　称	备　注
行业现行标准及文件	84	输变电工程架空导线（800mm^{2}以下）及地线液压压接工艺规程	DL/T 5285—2018
	85	输变电钢管结构制造技术条件	DL/T 646—2021
	86	架空绝缘配电线路施工及验收规程	DL/T 602—1996
	87	电力电缆线路运行规程	DL/T 1253—2013
	88	配电自动化技术导则	DL/T 1406—2015
	89	电力建设工程工程量清单计算规范　变电工程	DL/T 5341—2021
国网公司现行标准及文件	90	城市电力网规划设计导则	Q/GDW 156—2006
	91	配电自动化主站系统功能规范	Q/GDW 513—2010
	92	配电自动化终端子站功能规范	Q/GDW 514—2010
	93	电网视频监控系统及接口　第3部分　工程验收	Q/GDW 517.3—2012
	94	配电网运行规程	Q/GDW 1519—2014
	95	10kV架空配电线路带电作业管理规范	Q/GDW 520—2010
	96	电力光纤到户组网典型设计	Q/GDW 541—2010
	97	电力光纤到户运行管理规范	Q/GDW 542—2010
	98	电力光纤到户施工及验收规范	Q/GDW 543—2010
	99	地区电网自动电压控制(AVC)技术规范	Q/GDW 619—2011
	100	配电自动化建设与改造标准化设计技术规定	Q/GDW 1625—2013
	101	配电自动化系统运行维护管理规范	Q/GDW 626—2011
	102	配电网设备状态检修试验规程	Q/GDW 643—2011
	103	配电网设备状态检修导则	Q/GDW 644—2011
	104	配电网设备状态评价导则	Q/GDW 645—2011
	105	10kV电缆线路不停电作业技术导则	Q/GDW 710—2012
	106	10kV带电作业用绝缘防护用具、遮蔽用具技术导则	Q/GDW 711—2012
	107	10kV带电作业用绝缘平台	Q/GDW 712—2012
	108	有载调容配电变压器选型导则	Q/GDW 731—2012
	109	电网快速暂态电压记录系统技术条件	Q/GDW 732—2012
	110	智能变电站网络报文记录及分析装置检测规范	Q/GDW 733—2012
	111	配电网技术改造选型和配置原则	Q/GDW 741—2012
	112	配电网施工检修工艺规范	Q/GDW 10742—2016
	113	配电网技改大修技术规范	Q/GDW 743—2012
	114	配电网技改大修项目交接验收技术规范	Q/GDW 744—2012
	115	配电网设备缺陷分类标准	Q/GDW 745—2012
	116	变电设备状态接入控制器技术规范	Q/GDW 749—2012
	117	12kV固体绝缘环网柜技术条件	Q/GDW 730—2012
	118	国家电网有限公司十八项电网重大反事故措施（修订版）	国家电网设备〔2018〕979号
	119	国家电网公司带电作业工作管理规定（试行）	国家电网生〔2007〕751号

续表

分类	序号	名　　称	备　　注
国网公司现行标准及文件	120	配电网运维与检修管理标准和工作标准	国家电网运检〔2012〕770号
	121	配电自动化试点建设与改造技术原则基本建设投资管理办法	国网生配电〔2009〕196号
	122	10千伏城市配电网技术改造指导意见	国网生配电〔2012〕9号
	123	国家电网公司安全工作规定	国网（安监/2）406—2014
	124	电力生产事故调查规程	国家电网安监〔2011〕2024号
	125	国家电网公司电力安全工器具管理规定	国网（安监/4）289—2014
	126	国家电网公司安全技术劳动保护七项重点措施（试行）	国家电网安监〔2006〕618号
	127	国家电网公司安全风险管理体系实施指导意见	国家电网安监〔2007〕206号
	128	国家电网公司应急工作管理规定	国网（安监/2）483—2014
	129	国家电网公司电力安全工作规程（配电部分）（试行）	国家电网安质〔2014〕265号
	130	国家电网公司加强建设工程分包安全监督若干重点要求	国家电网安监〔2009〕998号
	131	国家电网公司建设项目档案管理办法	国家电网办〔2010〕250号
	132	基建类和生产类标准差异协调统一条款（输电线路部分）	国家电网办基建〔2008〕1号
	133	基建类和生产类标准差异协调统一条款（变电部分）	国家电网办基建〔2008〕20号
	134	电网设备技术标准差异条款统一意见	国家电网科〔2014〕315号
	135	国家电网公司技术标准管理办法	国家电网科〔2007〕211号
	136	国家电网公司电力建设工程施工技术管理导则	国家电网工〔2003〕153号
	137	国家电网公司电力建设起重机械安全监督管理办法	国网（安监/4）482—2014
	138	国家电网公司农网改造升级工程管理办法	国家电网企管〔2014〕216号
	139	国家电网公司农村用电安全工作管理办法	国家电网企管〔2014〕216号
	140	国家电网公司总部定点扶贫工作管理办法	国家电网企管〔2014〕216号
	141	国家电网公司安全隐患排查治理管理办法	国网（安监/3）481—2014
	142	低压综合配电箱选型技术原则和检测技术规范	Q/GDW 11221—2014
	143	配电网低励磁阻抗变压器接地保护装置技术规范	Q/GDW 11222—2014
	144	分布式电源调度运行管理规范	Q/GDW 11271—2014
	145	国家电网公司关于印发10kV柱上变压器台典型设计方案（2015版）	Q/GDW 11272—2014
	146	国家电网公司配电网工程典型设计（2016年版）	中国电力出版社出版（2016年）
	147	国家电网公司配电网工程典型设计　机井通电工程典型设计（2016年版）	中国电力出版社出版（2016年）
	148	带电作业用消弧开关导则	Q/GDW 1738—2012
	149	国家电网公司配电网优质工程评选管理办法	
	150	国家电网公司配电网规划内容深度规定	Q/GDW 1865—2012
	151	10kV三相非晶合金铁心配电变压器技术条件	Q/GDW 1771—2013
	152	10kV三相非晶合金铁心配电变压器试验导则	Q/GDW 1772—2013
	153	10kV带电作业用消弧开关技术条件	Q/GDW 1811—2013

续表

分类	序号	名　　称	备　　注
国网公司现行标准及文件	154	10kV 旁路电缆连接器使用导则	Q/GDW 1812—2013
	155	配电网架空绝缘线路雷击断线防护导则	Q/GDW 1813—2013
	156	电力电缆线路分布式光纤测温系统技术规范	Q/GDW 1814—2013
	157	储能系统接入配电网运行控制规范	Q/GDW 696—2011
	158	储能系统接入配电网监控系统功能规范	Q/GDW 697—2011
	159	分布式电源接入配电网测试技术规范	Q/GDW 666—2011
	160	分布式电源接入配电网运行控制规范	Q/GDW 667—2011
	161	配电自动化终端设备检测规程	Q/GDW 639—2011
公司现行文件及规范	162	10kV 配电变压器选型指导意见	鲁电运检〔2015〕874 号
	163	配电网设备选型和配置原则	鲁电运检〔2016〕50 号
	164	山东省电力公司中低压配电网工程标准工艺	中国电力出版社出版（2015 年）
	165	山东省电力公司中低压配电网工程装置性违章及解析	中国电力出版社出版（2016 年）
	166	山东省电力公司配电网工程施工技术交底手册	中国电力出版社出版（2016 年）
	167	国网山东省电力公司中低压配电网工程管理办法	鲁电企管〔2016〕199 号
	168	国网山东省电力公司关于规范资产处置管理的指导意见	鲁电财〔2015〕418 号
	169	10 千伏及以下配电网工程项目档案管理办法	鲁电办〔2019〕868 号

附录 C　管理模板

C1　业主项目部设置部分

PYSZ001：业主项目部组织机构成立通知

国网山东省电力公司 ×× 供电公司文件

×× 电人资〔20××〕×× 号

关于成立 20×× 年 10kV 及以下配电网工程业主项目部的通知

公司所属各部室、单位：

根据公司年度 10kV 及以下配电网基建工程建设任务，按照配电网工程标准化管理工作要求，组建“国网 ×× 供电公司 20×× 年度配电网工程业主项目部”“×××× 业主项目部”……分别负责辖区内 20×× 年度常规批次等有关项目的具体建设管理任务，业主项目部组织机构详见附件。

（工程创优结束后业主项目部自行解散，不再另行发文。）

附件：业主项目部组织机构表

施工单位（章）：

____ 年 __ 月 __ 日

填写、使用说明：

（1）业主项目部组织机构应以单位人资部门正式行文成立。

（2）年度项目以 ERP 项目定义为准，如 2022 年预安排项目，下达时间在 2021 年 11 月，但项目定义为 18××××220001，则该批项目属于 2022 年度项目。

附件

业主项目部组织机构表

业主项目部名称				
姓名	业主项目部管理岗位	单位或部门	职称 / 资格证书	联系电话
	业主项目经理			
	项目管理			
	安全管理			
	质量管理			
	技经管理			
	信息及资料管理			
	物资协调			
	甲方代表 1			
	甲方代表 2			
	…			
其他需要说明事项：				
业主项目部联系方式： 电话： 传真： 邮箱：				

填写、使用说明：

（1）业主项目部配置人员数量原则上不宜少于 5 人，项目经理、项目管理、安全管理三个关键岗位不得兼职，其他岗位根据实际自行配置；原“造价管理”岗位名称更正为“技经管理”。

（2）甲方代表纳入业主项目部管理范畴。

（3）组织机构表数量应与组建项目部数量一致。

C2 项目管理部分

PYXM001：工程建设管理纲要

______________工程建设管理纲要

批准：（建设管理单位项目分管领导或技术负责人）________年____月____日

审核：（建设管理单位项目主管部门主任）________年____月____日

编写：（业主项目部经理）________年____月____日

业主项目部（章）：
________年____月____日

填写、使用说明：

（1）本纲要涉及的参建单位未明确时可直接写单位类型。

（2）同一批次项目可编制一份建设管理纲要。

目　录

PYXM002：设计策划

设计策划

批准：(设计管理单位分管领导) ________年____月____日

审核：(项目设总签字) ________年____月____日

编写：(项目专业设计签字) ________年____月____日

设计单位（章）：
________年____月____日

填写、使用说明：工程设计策划由专业设计人员编制，项目总设审核，设计单位分管领导批准。

目　　录

PYXM003：现场应急处置方案

现场应急处置方案

批　　　　准：________　______年____月____日

审　　　　核：________　______年____月____日

业主项目经理：________　______年____月____日

总监理工程师：________　______年____月____日

施工项目经理：________　______年____月____日

编　写　人：________　______年____月____日

业主项目部（章）：

________年____月____日

目　录

PYXM004：工程项目里程碑计划

工程项目里程碑计划

序号	项目批次名称	项目名称	项目类别	费用（万元）	设计完成	物资到货	工程开工	工程竣工	竣工验收	工程结算	财务决算	项目关闭

编制：　　　　　　　　审批：

PYXM005：物资需求计划

物资需求计划

序号	物料编码	物料描述	需求数量	计量单位	需求日期	交货地点及交货方式

注 本表中所列内容可根据不同项目类型实际进行增减调整。

工程质量终身责任承诺书

建档日期：________年____月____日

法定代表人授权书

兹授权我单位____________同志担任___________________工程项目的（设计、施工、监理）项目负责人，对该工程项目的（设计、施工、监理）工作实施组织管理，依据国家有关法律法规及标准规范履行职责，并依法完成合同规定全部（设计、施工、监理）任务。

本授权书自授权之日起生效。

被授权人基本情况			
姓名		身份证号	
注册执业资格		注册执业证号	
		被授权人签字：	

注 1. 需附项目负责人执业资格证书、身份证以及法人代表身份证复印件。

2. 本授权书一式二份，一份由建设单位收集管理，工程竣工验收合格后移交档案管理部门；一份各方责任主体留存。

授权单位（章）：

法定代表人（签字）：________

授权日期：_______年___月___日

工程质量终身责任承诺书

本人受＿＿＿＿＿＿＿＿＿＿＿＿＿＿单位（法定代表人＿＿＿＿＿＿＿＿＿）授权，担任＿＿＿＿＿＿＿＿＿＿＿＿＿＿＿＿工程项目的（设计、施工、监理）项目负责人，对该工程项目的（设计、施工、监理）工作实施组织管理。本人承诺严格依据国家有关法律法规及标准规范履行职责，并对设计使用年限内的工程质量承担相应终身责任。

承诺人（签字）：＿＿＿＿＿＿＿＿

身份证号：＿＿＿＿＿＿＿＿

注册执业资格：＿＿＿＿＿＿＿＿

注册执业证号：＿＿＿＿＿＿＿＿

签字日期：＿＿＿＿年＿＿月＿＿日

PYXM007：会议纪要

会议纪要

编号：　　　　　　　　　　　　工程名称：　　　　　　　　　　　签发：

会议地点		会议时间	
会议主持人			
会议主题：			
上次会议问题落实情况：			
本次会议内容：			
主送单位			
抄送单位			
发文单位		发文时间	

注　会议纪要由监理项目部记录，业主项目部签发。

附件

__________会议签到表

姓名	工作单位	职务 / 职称	电话

PYXM008：文件收发记录表

文件收发记录表

工程名称：　　　　　　　　　　　　　　　　编号：

序号	文件名称及编号	文件来源 / 类别	接收人 / 日期	发放		
				领取单位	份数	领取人 / 日期

C3 安全管理部分

PYAQ001：业主项目部安全管理台账

业主项目部安全管理台账

（一）安全法律、法规、标准、制度等有效文件清单

（二）项目应急处置方案

（三）安全例会会议纪要（记录）

（四）项目安全检查及整改情况记录

（五）安全管理文件收发、学习记录

（六）参建项目部安全考核评价记录

注：业主项目部安全管理台账包括但不限于以上目录。

PYAQ002：检查问题整改通知单

检查问题整改通知单

工程名称				检查编号	
检查类型				检查日期	
问题编号	问题描述	问题归类	严重级别	整改责任单位	整改期限
1					
2					
3					
…					
检查组长					
检查成员					

填写、使用说明：

（1）本通知单由业主项目部安全专责填写，适用业主项目部各类安全检查。其中检查类型、严重级别等信息应按提供的格式填写，便于分类分析。若今后要求在信息系统中填报，则依据最新要求填报。

（2）“检查类型”栏：选择填写“日检查、周检查、月度检查、随机抽查、专项检查、优质工程检查”等内容，没有的类型可不填写。

（3）“问题归类”栏：安全管理问题选择填写“业主项目部安全管理、监理项目部安全管理、施工项目部安全管理”；配变工程现场问题选择填写“现场安全文明施工管理、施工用电、脚手架、高处及起重作业、建筑工程、构架安装工程、电气安装工程、改扩建工程、其他”；线路工程现场问题选择填写“现场安全文明施工管理、施工用电、材料管理、起重机械、工器具、基础工程、杆塔工程、跨越架、架线工程、其他”。

（4）“严重级别”栏：选择填写“重大隐患、一般隐患、一般问题”。问题严重级别由业主项目部根据有关规定进行判别，其中，重大隐患是指可能造成人身死亡事故、重大及以上电网和设备事故的隐患，一般隐患是指可能造成人身重伤事故、一般电网和设备事故的隐患，非重大隐患和一般隐患的列为一般问题。

（5）现场安全违章照片可以作为附件。

PYAQ003：检查问题整改反馈单

检查问题整改反馈单

<table>
<tr><td>工程名称</td><td colspan="3"></td><td>整改单位</td><td></td></tr>
<tr><td colspan="6">按照业主项目部下发的安全检查问题整改通知单（编号：　　）所提问题，我们认真进行了整改，整改情况如下：</td></tr>
<tr><td>问题编号</td><td>问题描述</td><td>要求整改期限</td><td>整改结果</td><td>整改完成时间</td><td>责任人</td></tr>
<tr><td>1</td><td></td><td></td><td></td><td></td><td></td></tr>
<tr><td>2</td><td></td><td></td><td></td><td></td><td></td></tr>
<tr><td>3</td><td></td><td></td><td></td><td></td><td></td></tr>
<tr><td>…</td><td></td><td></td><td></td><td></td><td></td></tr>
<tr><td></td><td></td><td></td><td></td><td></td><td></td></tr>
<tr><td></td><td></td><td></td><td></td><td></td><td></td></tr>
<tr><td></td><td></td><td></td><td></td><td></td><td></td></tr>
<tr><td></td><td></td><td></td><td></td><td></td><td></td></tr>
<tr><td></td><td></td><td></td><td></td><td></td><td></td></tr>
<tr><td colspan="6">监理项目部复查意见：</td></tr>
<tr><td colspan="2">复查人（或委托人）</td><td colspan="2"></td><td>复查日期</td><td></td></tr>
<tr><td colspan="6">业主项目部复查意见：</td></tr>
<tr><td colspan="2">复查人（或委托人）</td><td colspan="2"></td><td>复查日期</td><td></td></tr>
</table>

填写、使用说明：

（1）需施工单位完成的整改问题，由监理项目部对其整改结果进行复核，复核通过后，由业主项目部对复核结果进行二次复核。

（2）需监理单位完成的整改问题，由业主项目部进行复核，“监理项目部复查意见”栏可不填写。

（3）整改前后对比照片可作为附件。

C4　质量管理部分

PYZL001：配电网工程新技术应用情况表

配电网工程新技术应用情况表

工程名称：

序号	应用新技术名称	成果编号	新技术类别	应用效益							应用数量	得分
				节约土地	节约走廊	节约钢材	节约混凝土	节约电能	节约投资	降低噪声		
				m^2	m^2	t	m^3	kWh/年	万元	dB		
1												
2												
…												

注　本表由设计单位编制，业主项目部收集，建设管理单位上报省公司运检部。

C5　技经管理部分

PYJJ001：一般签证审批单

现场签证审批单（一般）

工程名称：　　　　　　　　　　　　　　　　　　　　　编号：

<table>
<tr><td colspan="3">致＿＿＿＿＿＿＿＿＿＿（监理项目部）：
签证事由及内容：

签证费用：

附件：1. 现场签证方案
2. 签证费用计算书

项目经理（签字）：
施工单位（盖章）：
日期：　　年　月　日</td></tr>
<tr><td>监理单位意见：

总监理工程师（签字并盖项目部章）：

日期：　　年　月　日</td><td>设计单位意见：

设总（签字并盖公章）：

日期：　　年　月　日</td><td>建设管理单位（业主项目部）审批意见：

负责人（签字并盖项目部章）：

日期：　　年　月　日</td></tr>
</table>

PYJJ002：重大签证审批单

现场签证审批单（重大）

工程名称：　　　　　　　　　　　　　　　　　　　　　　编号：

<table>
<tr><td colspan="3">致______________________（监理项目部）：

签证事由及内容：

签证费用：
附件：1. 现场签证方案
　　　2. 签证费用计算书

项目经理（签字）：
施工单位（章）：
日期：　　年　　月　　日</td></tr>
<tr><td>监理单位意见：

总监理工程师（签字并盖项目部章）：

日期：　　年　　月　　日</td><td>设计单位意见：

设总（签字并盖公章）：

日期：　　年　　月　　日</td><td>业主项目部（或县公司）审核意见：

项目经理（或分管领导）（签字盖章）：

日期：　　年　　月　　日</td></tr>
<tr><td>市公司运检部审核意见：

部门主任（签字并盖部门章）：

日期：　　年　　月　　日</td><td>市公司审核意见：

分管领导（签字并盖公章）：

日期：　　年　　月　　日</td><td>省公司设备部审批意见：

分管主任（签字并盖部门章）：

日期：　　年　　月　　日</td></tr>
</table>

PYJJ003：工程设计变更审批单

工程设计变更审批单

工程名称：　　　　　　　　　　　　　　　　　　　　　　编号：

<table>
<tr><td colspan="3">致______________________（监理项目部）：

变更事由：

变更费用：
附件：1. 设计变更建议或方案
2. 设计变更费用计算书
3. 设计变更联系单（如有）

设总（签字）：
设计单位（盖章）：
日期：　　年　月　日</td></tr>
<tr><td>监理单位意见：

总监理工程师（签字并盖项目部章）：
日期：　　年　　月　　日</td><td>施工单位意见：

项目经理（签字并盖章）：
日期：　　年　　月　　日</td><td>业主项目部（或县公司）审核意见：

项目经理（或分管领导）（签字并盖章）：
日期：　　年　　月　　日</td></tr>
<tr><td colspan="3">建设管理单位审批意见：
建设（质量）审核意见：
技经审核意见：
部门主管领导（签字并盖部门章）：
日期：　　年　　月　　日</td></tr>
</table>

注　1. 本表一式五份（施工、设计、监理、业主项目部各一份，建设管理单位存档一份）。
2. 编号由监理项目部统一编制，作为审批设计变更的唯一通用表单。

附件

设计变更联系单

工程名称：　　　　　　　　　　　　　　　　　　　　　　　　编号：

致____________________（设计单位）： 　　由于____ ____ ____ 原因，兹提出_______等设计变更建议，请予以审核。 附件：变更方案等相关附件   负责人（签字）： 提出单位（章）： 日期：　　　年　　月　　日

注　1. 编号由监理项目部统一编制，作为设计变更联系单的唯一通用表单。

2. 本表用于向设计单位提出非设计原因引起的设计变更，作为设计变更审批单的附件。

3. 本表一式五份（施工、设计、监理、业主项目部各一份，建设管理单位存档一份）。

PYJJ004：现场签证执行报验单

设计变更（现场签证）执行报验单

工程名称：　　　　　　　　　　　　　　　　　　　　编号：

致监理项目部： 我方已完成 ×××号现场签证审批单全部内容的施工，请予以查验。详细情况说明如下： 项目经理：________ 施工项目部（章）： 日　期：______年___月___日
监理项目部审查意见： 专业监理工程师：________ 总监理工程师：________ 监理项目部（章）： 日期：______年___月___日

C6　总结评价部分

PYPJ001：业主项目部综合评价表

业主项目部综合评价表

序号	评价指标	标准分值	考核内容及评分标准	扣分	扣分原因
一	业主项目部标准化建设（10分）				
1	项目部组建	6	业主项目部组建符合国网公司规定的原则及标准，组建时间符合要求，项目管理人员以文件形式正式任命并按要求履行报备手续。管理人员任职资格符合规定，项目经理参加国网公司或省公司组织的项目经理培训并考试合格（查任命文件、报备资料及培训证书。无任命文件，扣2分；未按要求报备，扣1分；组建不及时，扣1分；任职资格不符合规定，每人扣1分；项目经理无培训证书，扣2分）		
2	项目部资源配置	4	应配备满足工程管理需要的办公设施、设备（查办公设施。缺少一项扣0.2分）		
二	重点工作开展情况（70分）				
1	项目管理策划	9	建设管理纲要编制符合国网公司有关要求，科学合理、有针对性、符合工程实际，按要求履行编审批手续，发放及时到位等（3分）（查建设管理纲要、发放记录等。每缺少一项扣2分；不规范，发放不及时、不到位，每项扣0.5分）		
			设计、施工、监理招标文件及合同内容符合国家及国网公司有关规定，满足项目管理策划相关要求；物资招标技术规范书满足标准物料的要求（3分）（查招标文件及合同。内容不符合相关国家及公司有关规定，每处扣0.5分；与项目管理策划中的有关要求不一致或符合性较差，每处扣0.5分）		
			及时对监理规划、项目管理实施规划（施工组织设计）等报审资料进行审查，审查意见明确、准确，有针对性，符合实际，并及时反馈报审单位（3分）（查业主项目部对参建单位策划文件审批表。每缺少一项扣1分；不规范、审查意见不准确、表述模糊，每项扣0.5分；反馈意见不及时，每项扣0.3分）		
2	标准化开工	5	开工前按要求核查项目可研批复文件、相关支持性文件；初步设计及批复文件；建设工程规划许可证设计、施工、监理中标通知书、合同文本等有关手续，落实标准化开工条件（4分）（查相关文件和资料。未核查或核查内容不真实，每项扣1分）		
			按要求审批工程开工报审表（1分）（查开工报审表。未审批，扣1分；审批意见不明确或不准确，扣0.5分；审批不及时，扣0.5分）		
3	技术管理	5	及时组织设计联络会，组织设计交底和施工图会检，签发会议纪要并监督纪要的闭环落实（2分）（查设计联络会纪要、设计交底纪要、施工图会检纪要、纪要发放记录。未组织，每项扣2分；组织不及时，每次扣1分；会议议定事项落实不到位，每项扣1分；纪要发放记录不全、不及时，每项扣0.5分）		
			组织特殊施工方案审查并进行审批（2分）（查重大停电、线路“三跨”、深基坑开挖、构架吊装、临近带电体施工作业等特殊施工方案审批情况。未审批，每项扣1分）		

续表

序号	评价指标	标准分值	考核内容及评分标准	扣分	扣分原因
3	技术管理	5	开展施工图设计至竣工图设计阶段的设计质量评价（1分）（查“设计质量评价表”。未填写，扣1分，填写错误或与实际不符，扣0.5分）		
4	工程协调与监督检查	16	定期召开工程例会，检查上次会议工作部署落实情况，对工作完成情况进行总结通报，布置下阶段主要工作（4分）（查工程例会记录、会议纪要。未组织，每项扣2分；组织不及时，每次扣1分；会议议定事项落实不到位，每项扣1分；发放记录不全，发放不及时，每项扣0.5分）		
			跟踪设备、材料供货情况，参加主变压器、开关柜、断路器等主设备的到场验收、开箱检查（3分）（查项目物资供应计划表、到场验收交接记录、开箱检查记录、专题会议纪要等。应开展而未开展，每次扣1分；开展不及时，每次扣0.5分；相关记录不全，每项扣0.5分）		
			落实公司配电网各专业管理的相关规定及要求，掌控工程现场进度、安全、质量、造价、技术等管理制度标准和工作计划落实情况，审批监理、施工项目报审的有关文件，按要求组织开展现场安全、质量等监督检查并监督整改闭环（6分）（查安全、质量等过程管理往来文件及相关审批意见，相关监督检查、核查记录等。应开展而未开展，每项扣2分；开展不及时，每次扣1分；报审文件审批不及时，每项扣0.5分；审批意见不准确、不规范，每处扣0.5分；检查记录不全，每项扣0.5分；检查问题未整改闭环，每项扣1分）		
			及时协调工程建设过程中出现的有关问题，采取有效管理措施，确保工程按计划顺利实施（3分）（查相关专题会议纪要。应开展而未开展，每次扣2分；开展不及时，每次扣1分；会议议定事项落实不到位，每项扣1分；发放记录不全、发放不及时，每项扣0.5分）		
5	工程设计变更管理	5	严格执行工程变更（签证）管理制度，及时组织审核确认工程设计变更（签证）中的技术及费用等内容，履行工程变更（签证）审批相关手续（查工程设计变更审批单。未按规定履行审批手续，每项扣2分；审批程序不规范，每项扣1分；审查意见不规范、不准确，每次扣0.5分）		
6	进度款审核	3	根据工程进度，按照合同条款审核确认工程进度款、工程其他费用支付申请并上报（查工程预付款报审表、工程进度款审核表。审核不规范，每次扣1分）		
7	工程验收及质量监督	9	参与或受建设管理单位委托组织工程中间验收，参与竣工预验收、启动验收等工作（6分）（查验收过程资料。未按要求组织或参加，每项扣2分；检查问题未整改闭环，每项扣1分）		
			组织做好工程质量监督配合工作，监督落实整改意见（3分）（查相关过程文件及资料。组织不及时，每次扣1分；整改意见未落实或落实不及时、不到位，每项扣1分）		
8	信息与资料管理	13	应用配电网工程管理信息系统信息化手段，规范项目建设过程管理，推动监理、施工项目部落实信息化应用工作要求，确保系统数据录入及时、准确、完整（4分）（查相关管理系统。数据录入不及时、不准确、不完整，每项扣1分）		

续表

序号	评价指标	标准分值	考核内容及评分标准	扣分	扣分原因
8	信息与资料管理	13	及时组织宣贯上级文件，来往文件记录清晰（3分）（查文件及收发文记录。缺少文件，每个扣1.5分；不规范，每个扣1分）		
			及时完成资料收集，组织档案移交（5分）（查档案资料移交记录。未及时组织移交，扣5分；移交资料不全，每缺一项扣0.5分）		
			对工程建设管理工作进行系统总结，按照相关要求和格式进行编写并上报（1分）（查项目建设管理总结。未编写，扣1分；编写不规范，扣0.5分）		
9	参建单位评价	5	依据相关制度、合同等对项目设计、施工、监理单位开展履约评价，对物资供应商提出评价建议（查相关评价报告或记录表。未进行，每项扣2分；不规范或不准确，每项扣1分；评价考核不认真、打分不客观，扣5分）		
三	工作成效（20分）				
1	进度管理	5	按里程碑进度计划开工、投产得满分。开工每延迟1个月，扣0.5分；投产每延迟1个月，扣1分		
2	安全管理	5	实现《国家电网公司安全管理规定》所规定的工程项目安全目标得满分，否则得0分		
3	质量管理	5	实现《国家电网公司质量管理规定》所规定的工程项目质量目标得满分，否则得0分		
4	造价管理	5	工程超概算，得0分；工程投资结余不符合国网公司要求，扣3分；未按时完成结算，扣2分		

运检部主任（或分管副主任）签名：　　　　　　________年____月____日

PYPJ002：配电网建设工作履责“交规计分制”评价标准

配电网建设工作履责“交规计分制”评价标准

序号	评价维度	评价类别	评价内容	计分标准（分）	备注
1	遵章守纪	综合评价	项目实施过程中，未严格遵守工程管理规定，在各级巡视巡查中被给予诫勉谈话及以上纪律处分	－12	否决项
2	遵章守纪	综合评价	发生被查实的廉洁性问题	－12	否决项
3	遵章守纪	安全管理	发生配电网工程责任安全事故	－12	否决项
4	遵章守纪	安全管理	未严格执行《电力安全工作规程》要求，发生直接责任的严重违章	－12	否决项
5	遵章守纪	安全管理	未严格执行《电力安全工作规程》要求，发生直接责任的一般性违章	－6/次	
6	业务能力	综合评价	不具备岗位任职资格或任职能力： （1）项目经理不具备中级及以上职称，工作经历不足5年，配电网建设工作经历不足3年。 （2）项目安全、质量等管理人员不具备初级及以上职称或高级工及以上职业技能，从事电网建设工作经历不足1年	－12	否决项
7	业务能力	综合评价	参加上级公司各类普考、调考和业务能力抽测成绩获得前10名	+5	
8	业务能力	综合评价	未按要求参加上级公司各类调考、业务能力抽测	－8/次	
9	业务能力	综合评价	参加上级公司各类普考、调考和业务能力抽测未达到及格线	－6/次	
10	业务能力	综合评价	在上级各类检查中评价为不达标，被通报批评的	－4/次	
11	业务能力	综合评价	在国网公司工程质量评价中，获得前100名	+10/项	
12	业务能力	综合评价	在省公司工程质量评价中，获得前100名	+3/项	
13	工作履责	安全管理	未核查监理、施工单位作业资质有效性；未审核工程监理、施工单位编制的策划文件中的安全内容并监督执行	－2	
14	工作履责	安全管理	未建立项目安全管理台账	－2	
15	工作履责	安全管理	未监督施工分包安全管理，考核评价施工、监理承包商及分包队伍安全管理工作	－2	
16	工作履责	安全管理	未组织项目管理人员及分包管理人员参加安全技术交底及会签	－2/次	
17	工作履责	安全管理	未按要求到岗到位；未开展关键点作业安全管控措施的监督检查	－2/次	
18	工作履责	安全管理	未组织开展配电网工程关键点作业日常安全监督检查。对检查中发现的问题未及时予以现场整改、通报批评，并对相关责任单位及责任人进行考核	－2	
19	工作履责	安全管理	未责令现场施工违反规定与要求的分包商，进行改进或停工整顿，并依据分包施工合同进行考核。未将安全管控措施落实不到位、存在问题拒不整改的分包商、分包商项目经理及主要管理人员、分包人员清除出场并报告建设单位，未提出永久禁入建议	－3	

续表

序号	评价维度	评价类别	评价内容	计分标准（分）	备注
20	工作履责	安全管理	对关键点作业实施过程中发现的安全隐患，未要求施工项目部整改，必要时未要求施工项目部暂时停止施工并及时报告业主项目部；未对整改情况进行跟踪	－2	
21	工作履责	安全管理	未抽查关键点作业安全管控措施的落实情况及记录卡的执行情况；未对存在的问题出具整改通知单并跟踪整改	－2	
22	工作履责	安全管理	对现场施工管理混乱，拒不整改或多次整改仍达不到要求和安全管控措施落实不到位的施工单位，未及时汇报建设管理单位，并提出处理建议	－2	
23	工作履责	安全管理	未按要求审查工程“三措一案”	－2/次	
24	工作履责	技术管理	未督促设计、施工、监理单位在工程建设过程中严格贯彻执行配电网标准化建设技术管理要求	－2	
25	工作履责	技术管理	未组织工程初步设计内审，未督促设计单位按期提交初步设计文件，未参加上级单位组织的初步设计评审；未督促设计单位按时完成初步设计收口文件；未审查设计变更和技术方案	－1	
26	工作履责	技术管理	未督促设计单位按时完成施工图设计；未组织施工图会检和设计交底；未组织编写会议纪要并负责纪要的闭环落实	－2	
27	工作履责	技术管理	未审查物资招标技术文件或设备技术规范书编写存在错误	－2	
28	工作履责	技术管理	未协调施工过程中的技术争议问题；未开展从施工图编制至竣工图移交阶段的设计质量管控	－3	
29	工作履责	技术管理	未按上级单位要求推广配电网新材料、新设备、新技术、新工艺	－3	
30	工作履责	技术管理	未应用典型设计和标准化物料，未推广工厂化装配和机械化施工技术	－1	
31	工作履责	质量管理	未审查参建单位项目策划文件中的质量管理内容	－2	
32	工作履责	质量管理	未明确创优目标、创优措施或未有效执行创优措施	－2	
33	工作履责	质量管理	未督促施工、监理单位开展施工自检和监理预检工作；未参加隐蔽工程验收；未参加竣工验收，未督促参建单位做好闭环整改	－3	
34	工作履责	质量管理	未对工程建设的工艺质量进行评价	－2	
35	工作履责	质量管理	未组织工程中间验收和竣工验收工作，未按要求组织工程移交	－1	
36	工作履责	质量管理	未督促设计、施工、监理单位在工程建设过程中贯彻执行配电网标准化建设质量管理要求	－2	
37	工作履责	造价管理	在工程建设过程中，未开展有关造价管理及控制工作	－6	
38	工作履责	造价管理	未配合造价分析、结算督查、竣工决算、审计、财务稽核、固定资产转资及各类巡视巡查等工作	－4	
39	工作履责	造价管理	未审核设计变更与现场签证费用，未根据规定程序与权限报批	－3	
40	工作履责	造价管理	未跟踪工程建设过程中造价变化，未对费用变化较大情况应与概算做对比分析，不掌握概算执行情况	－3	

续表

序号	评价维度	评价类别	评价内容	计分标准（分）	备注
41	工作履责	造价管理	未组织参建单位提交工程结算资料，未预审并上报工程结算	－2	
42	工作履责	造价管理	未参与建设场地征用及清理赔偿协议的签订工作，未组织整理、归档赔偿协议及凭证等	－3	
43	工作履责	造价管理	未开展项目建设过程中的造价控制工作	－1	
44	工作履责	造价管理	未审核工程进度款及设计、监理费用支付申请，未按合同约定及时支付工程预付款、安全文明施工费、进度款等相关款项	－2/次	

注 1. 每年6月、12月省公司组织各单位开展履责评价工作，年度个人计分最高12分、班组计分最高60分。每年12月底省公司发布履责评价结果，反馈各单位。

2. 党员评价按照计分标准双倍进行扣分。

PYPJ003：配电网工程设计单位综合能力评价细则

配电网工程设计单位综合能力评价细则

评价项目	评价要点	总分	单项得分	评分标准	评价方式
一、人员配置	人员配置	40	30	设计人员配置无法满足实际工作需求，造成工作严重滞后，扣30分	资料检查、现场检查
			10	设计总负责人发生变更且未与业主办理书面变更手续，扣10分	资料检查、现场检查
				主要设计人员及设计工代等发生变更且未与业主办理书面变更手续，发现1次扣5分	资料检查、现场检查
二、资源配置	设计场所建设	30	20	未在属地设置相对固定的办公场所，扣20分	现场检查
	设备配置		10	未配置满足实际需求的办公设备、交通保障及主要技术设备等，发现一项扣2分	现场检查
三、管理制度	制度建设	10	5	未制定必要的质量、进度、造价、档案等方面的内部管理制度，缺少一项扣3分	资料检查
	合同管理		5	未在规定时限内签订合同（设计单位责任），发生一次扣5分	资料检查
四、优质服务	服务质量	20	20	（1）未按照规定的时间或合同要求提交设计成果，扣4分/次。 （2）未按照规定的时间或合同要求提交设计变更成果，扣4分/次。 （3）未及时配合业主开展相关物资提报、技术确认，扣4分/次。 （4）未及时响应业主提出的其他管理要求，发生一次扣2～4分	资料检查、现场检查

配电网工程施工项目部综合能力评价细则

评价项目	评价要点	总分	单项得分	评分标准	评价方式
一、人员配置	人员配置	40	20	（1）施工项目部人员配置需满足标准化项目部建设要求，原则上不宜少于5人，不满足要求扣10分。 （2）施工项目部应设置施工项目经理、技术员、安全员、质检员、造价管理员、信息资料员、材料员、施工协调员等管理人员，发现缺失一处扣2分；施工项目经理或安全员同时兼任其他岗位，发现一次扣5分。 （3）施工项目部承揽项目总投资超过省公司设置标准，发现一次扣2分	资料检查、现场检查
				施工项目经理调整未办理变更手续，发现一次扣10分；其他管理人员调整未办理变更手续，发现一次扣2分	资料检查、现场检查
	资质条件		20	施工项目经理、技术员、安全员、质检员、造价员、信息资料员、材料员、施工协调员等岗位从事人员不满足任职条件，发现一处扣5分。任职条件如下。 项目经理：取得相应的建造师注册证书，取得省级住房和城乡建设主管部门颁发的安全生产考核合格证B证。 安全员：取得省级住房和城乡建设主管部门颁发的安全生产考核合格证B证。 技术员：具有初级及以上技术职称或中级及以上技能等级，具有2年及以上同类型配电网工程施工技术管理工作经历。 质检员：持有电力质量监督部门颁发的相应质量培训合格证书，具有2年及以上配电网工程施工质量管理工作经历。 造价管理员：具有二级造价工程师及以上资格证书或造价员证书，具有配电网工程施工造价管理工作经历。 信息资料员：具有配电网工程施工资料及信息管理工作经历。 材料员：具有配电网工程施工物资管理工作经历。 施工协调员：熟悉国家、地方的相关法律法规，具有配电网工程现场综合管理工作经历，具有较强的组织协调能力	相关执业证书、社保证明等资料
	持证作业			（1）施工单位电工作业取证比例低于50%，每降低1%扣1分（电工作业取证比例＝电工作业证取证人员数量/施工单位作业人员数量）。 （2）高、低压作业人员未持相应的电工作业证、高处作业证“双证”上岗，发现一人扣1分。 （3）带电、电缆、试验工作未实现100%持证作业，发现一处扣1分	
	教育培训			（1）未按业主要求组织配电网施工安全、工艺、质量等教育培训，扣2分。 （2）现场作业人员未通过必要的安全、技能培训考试，发现一人扣2分	资料检查、现场检查
二、资源配置	项目部建设	30	20	未在项目建设属地设置相对独立、固定的项目部驻地，扣20分；驻地建设不满足建设单位或工作任务要求，扣10分	现场检查
	设备配置		10	未配置满足实际需求的办公设备、主要技术装备、安全工器具、施工机具、交通工具等，或试验检验不合格，发现一项扣2分	现场检查

续表

评价项目	评价要点	总分	单项得分	评分标准	评价方式
三、管理制度	制度建设	10	10	未制定必要的人员管理、装备管理、物资管理、安全管理、质量管理、进度管理等标准制度，缺少一项扣3分	资料检查
	制度上墙			未将项目部铭牌、人员配置图、职责牌及其他应上墙图板上墙，发现一项扣2分	现场检查
	制度执行			未规范开展安全工器具、施工机具等的台账建立，进出库、试验、检查等的记录，发现一次扣1分。工程物资领用、退库、试验检查等无相关过程记录，发现一次扣1分	资料检查
				未落实安全管理、教育培训、应急演练、投诉及舆情管控等制度要求，发现一次扣1分	资料检查、现场检查
				没有专用场地存放或无专人管理工程物资，扣5分；工程物资分类不清、设备材料未妥善保管，发现一处扣1分	现场检查
	合同管理			未在规定时限内签订合同（施工单位责任），发生一次扣5分	资料检查
四、优质服务	服务质量	20	20	（1）被县区公司及以上单位通报负有施工责任的质量问题，根据问题严重程度，发生一次扣1～4分。 （2）当项目进度未严格按工程阶段性进度计划按时完成时，施工未采取相关措施，发生一次扣1分。 （3）未按照规定应用配电网工程相关信息化系统，发生一次扣2分。 （4）因施工责任引起属实投诉，发生一次扣2分。 （5）未及时响应业主提出的其他管理要求，发生一次扣2分	资料检查、现场检查

配电网工程监理项目部综合能力评价细则

评价项目	评价要点	总分	单项得分	评分标准	评价方式
一、人员配置	人员配置	40	25	（1）监理人员配置需满足标准化项目部建设要求，原则上不宜少于5人，不满足要求扣10分。 （2）监理项目部至少配备总监理工程师、安全监理工程师各1人，未配备扣10分。 （3）监理项目部应设置总监理工程师、安全监理工程师、专业监理工程师、监理员、造价工程师和信息资料员等岗位，每缺一岗位人员扣2分。 （4）项目部人员按在建工程投资计划不超过3000万元/人配置，每少一人扣2分	资料检查、现场检查
				总监理工程师、专业监理工程师调整未办理变更手续，发现一次扣10分；其他管理人员调整未办理变更手续，发现一次扣2分	资料检查、现场检查
	资质条件		15	（1）总监理工程师应具备下列条件：①已在工程所属建设管理单位完成双准入考试（线上、线下）。②参加过省级公司举办的安全培训，经考试合格且证书有效，具有以下两个条件：a.国家注册监理工程师资格。b.具有3年及以上同类工程监理工作经验。不满足要求扣5分。 （2）安全监理工程师应具备下列条件：①已在工程所属建设管理单位完成双准入考试（线上、线下）。②参加过省级公司举办的安全培训，经考试合格且证书有效，熟悉电力建设工程管理，具备下列条件之一：a.国家注册安全工程师或工程注册类执业资格。b.中级及以上专业技术职称，2年及以上同类工程监理工作经验。c.从事电力建设工程安全管理工作或相关工作3年以上，且具有大专及以上学历。不满足要求扣5分。 （3）专业监理工程师应具备下列条件：①已在工程所属建设管理单位完成双准入考试（线上、线下）。②具备以下两个条件之一：a.工程类注册执业资格。b.中级及以上专业技术职称，2年及以上同类工程监理工作经验，并经培训和考试合格。不满足要求扣3分	资料检查
	教育培训			（1）未组织监理人员进行安全教育培训，未对工程策划文件、标准工艺及上级文件进行学习、交底，形成活动记录，发生一次扣2分。 （2）开工前未组织监理项目部人员对监理规划及实施细则等进行交底、培训，未形成活动记录，发生一次扣2分	资料检查、现场检查
二、资源配置	项目部建设	30	20	未在属地设置相对独立、固定的项目部驻地，扣20分	现场检查
	设备配置		10	未配置满足实际需求的办公设备、常规检测设备和工具、个人安全防护用品、交通工具等，发现一项扣2分	现场检查
三、管理制度	制度上墙	10	10	（1）未设立、悬挂项目部铭牌，发现一项扣2分；没有项目所属监理公司名称、监理项目部名称，发现一项扣1分。 （2）未悬挂项目部人员组织架构图，发现一项扣2分；组织架构不包括监理项目部各岗位名称、人员姓名等，发现一项扣1分。 （3）未悬挂项目部职责及各项目部所设各岗位的岗位职责，无生产现场作业“十不干”、配电网工程安全管理“十八项禁令”“三十条措施”等内容，发现一项扣1分	现场检查

续表

评价项目	评价要点	总分	单项得分	评分标准	评价方式
三、管理制度	制度建设	10	10	未制定必要的安全、质量、进度、造价、档案等方面的内部管理制度，缺少一项扣3分	资料检查
	合同管理			未在规定时限内签订合同（监理单位责任），发生一次扣5分	资料检查
四、优质服务	服务质量	20	20	（1）被县区公司及以上单位通报负有监理责任的质量问题，根据问题严重程度，发生一次扣1～4分。 （2）被省公司及以上单位通报负有监理责任的Ⅰ、Ⅱ、Ⅲ类严重违章，发生一次分别扣4、3、2分。 （3）当项目进度未严格按工程阶段性进度计划按时完成时，监理未采取相关措施，发生一次扣1分。 （4）被县区公司及以上单位通报负有监理责任的设计变更、工程签证问题，根据问题严重程度，发生一次扣1～4分。 （5）未及时响应业主提出的其他管理要求，发生一次扣2分	资料检查、现场检查

PYPJ006：配电网工程设计单位工程实施质量评价细则

配电网工程设计单位工程实施质量评价细则

评价项目	评价要点	总分	单项得分	评分标准	评价方式
一、设计进度	设计进度的及时性	15	15	未按业主下发的设计委托书或设计合同要求完成设计任务并提交设计成果，发生一次扣 5 分	资料检查
				未配合业主开展物资提报、技术确认，发生一次扣 5 分	资料检查
				未根据设计评审意见及时完成设计成果整改，发生一次扣 5 分	资料检查
二、设计质量	现场勘察收资	55	5	未按照要求开展现场勘察，发现一次扣 5 分；因勘察不到位导致现场无法按图施工，每处扣 2 分	资料检查
				勘察记录不完整（如现场勘察记录单、勘察草图、现场照片等资料缺失）或造假，发现一次扣 1 分	资料检查
	设计成果的完整性、准确性、合理性		10	设计说明书、材料清册、电气主接线图、铁件加工图及明细表、路径图、杆塔明细表、废旧物资回收计划、概算书等重要资料不完整或不准确，发现一项扣 2 分	资料检查
				影响量价费的主要工程量（如线路长度、地形土质、运距等）数据不准确，发现一处扣 2 分	资料检查
			20	设计图纸与现场不匹配，不能满足施工要求，发现一次扣 3 分	资料检查、现场检查
				因设计方案不合理导致工程停滞或项目取消，发现一项扣 10 分	资料检查、现场检查
				设计不符合典型设计或差异化设计要求，发现一项扣 2 分	资料检查、现场检查
				未在设计方案中论证不停电作业、工厂化预制、成套化配送、机械化作业等作业方式，发现一项扣 5 分	资料检查、现场检查
				未同步开展配电自动化设计，发现一次扣 2 分	资料检查、现场检查
	设备选型的合理性		5	物料选型不合理，发现一例扣 1 分	资料检查、现场检查
				未选用国网公司标准物料，发现一条扣 1 分	资料检查、现场检查
	设计交底		5	未按要求开展设计交底或设计交底不准确、不充分，不满足施工条件，发现一次扣 1 分	资料检查、现场检查
				未参与工程关键工序和复杂作业的现场技术支持，发现一次扣 1 分	资料检查、现场检查
	设计变更		10	未按业主或监理提出的合理建议及时进行设计变更，发现一次扣 5 分；未在收到发包人工作联系单 7 日内出具设计变更说明，发现超期扣 2 分	资料检查
				因设计原因造成的工程重大设计变更，发现一次扣 5 分	资料检查

续表

评价项目	评价要点	总分	单项得分	评分标准	评价方式
三、造价管理	概（预）算编制的规范性	20	10	未依据最新定额及信息价格编制概（预）算，发现一次扣 3 分	资料检查
				概（预）算书编制不完整、不规范或定额套用、费率计取不正确，发现一处扣 0.5 分	资料检查
	工程造价的准确性		10	因设计原因造成投资计划与决算偏差超过 10%，扣 5 分	资料检查
				因承包人原因，造成提供的装置性材料招标量与实际需求量相差超过 15%，扣 5 分	资料检查
四、档案管理	档案规范性	10	5	移交的设计图纸资料不规范、不完整，发生一次扣 1 分	资料检查
	信息管理		5	未按要求使用设计造价辅助相关软件开展工作，扣 5 分	系统取数
				未规范使用设计造价辅助相关软件开展工作，发生一次扣 1 分	系统取数

PYPJ007：配电网工程施工项目部工程实施质量评价细则

配电网工程施工项目部工程实施质量评价细则

评价项目	评价要点	总分	单项得分	评分标准	评价方式
一、安全管理	施工组织	25	10	无计划施工或超计划随意扩大工作范围，发现一次扣 10 分	现场检查
				未对施工班组成员开展安全技术交底，安全措施、危险点分析不到位，发生一次扣 5 分	现场检查
				“三措一案”编制不完善或不符合现场实际，发生一次扣 2 分	资料检查、现场检查
				未按规定执票作业，发生一次扣 10 分；执行不规范，发生一次扣 1 分	现场检查
	风险管控			未进行有效现场勘察，未填写现场勘察单，发生一次扣 5 分；勘察记录不完整，发生一次扣 1 分	资料检查、现场检查
				未开展安全风险等级辨识或辨识错误，发生一次扣 2 分	资料检查、现场检查
				到岗到位管控缺失或问题闭环整改不及时，发生一次扣 2 分	资料检查、现场检查
	文明施工		5	未在作业现场严格执行相应的安全文明措施，发现一次扣 1 分	现场检查
				发生施工责任属实投诉或负面舆情，发生一起扣 5 分	系统取数
	现场安全管理		10	发生一般违章，Ⅲ类、Ⅱ类、Ⅰ类严重违章分别扣 1、2、3、4 分；违章考核未按期完成整改，发生一次扣 1 分	系统取数
二、质量管理	施工工艺	20	6	未严格落实《配电网施工检修工艺规范》（Q/GDW 10742—2016）和《配电网工程工艺质量典型问题及解析》要求，现场施工工艺不合格，发生一次扣 1 分	现场检查
				未按图施工（包含施工图、设计变更图），发现一次扣 1 分	资料检查、现场检查
				现场未执正确的施工图施工，发生一次扣 1 分	现场检查
				供应商对材料设备没有进行必要的检验或经检验不合格仍然使用，发生一次扣 2 分；在工程竣工前发生质量缺陷，发生一次扣 4 分	现场检查
	关键工序		6	隐蔽工程未提前 48h 通知监理项目部，发生一次扣 1 分	系统取数
				未在现场监理员在场情况下实施关键工序，发生一次扣 1 分	资料检查、现场检查
				未按要求留存隐蔽工程图像资料，发生一次扣 1 分	资料检查、现场检查
	工程验收		8	单项工程未开展施工自检，每项工程扣 2 分；在工程自检完成、申请业主项目部验收后，业主验收发现自检未发现隐患，每处扣 0.5 分	资料检查
				未及时开展工程报验，扣 3 分；报验资料不规范、不完整，发生一次扣 1 分	资料检查
				工程存在重大质量问题或无法通过竣工验收，扣 8 分；对施工存在的质量问题，未及时整改并反馈，发生一次扣 1 分；工程带缺陷投运，发现一处扣 2 分	资料检查、现场检查

续表

评价项目	评价要点	总分	单项得分	评分标准	评价方式
三、进度管理	施工进度管理	15	15	未按要求报施工计划和开工审批，未配合业主办理开工审批手续，扣3分	资料检查、现场检查
				因施工单位原因造成停电计划改期、取消、延迟送电，发生一次扣3分	资料检查
				因施工责任未按项目进度节点完成工程施工，扣10分	资料检查
				因施工单位原因，物资未及时接收，发生一次扣3分	资料检查
四、队伍管理	准入管理	10	5	作业人员不在有效名录内，发生一次扣2分	资料检查
				现场作业人员无证上岗、人证不相符、证件过期，辅助工超范围作业，发生一次扣1分	资料检查
				施工人员人身意外伤害险不满足要求，发生一次扣1分	资料检查、现场检查
				施工作业期间变更现场作业人员且未报备，发生一人扣1分	现场检查
	分包管理		5	未按规定履行施工分包备案或审批手续，扣2分	系统取数、资料检查
				未及时、规范签订分包合同和安全协议，扣2分	资料检查
				劳务分包内容超出劳务作业范围，发生一次扣2分	资料检查
				未按分包合同约定及时拨付农民工工资，发生一次扣2分	资料检查
五、造价管理	设计变更与现场签证	20	5	需变更工程实施方案或工程量，未履行项目设计变更及现场签证手续，扣1分；私自变更工程量，扣5分	资料检查、现场检查
				项目设计变更和现场签证手续不规范、不及时，扣1分	资料检查、现场检查
	结算报审		15	未按照施工设计图纸、工程设计变更及现场签证单核对施工工程量，扣2分	资料检查、现场检查
				在工程竣工后3个工作日内未向设计单位提交经监理确认的竣工草图，扣2分	资料检查、现场检查
				结算书工程量超出四方确认工程量，扣10分；结算书未在竣工投产后2个月内报审或未按审计意见及时完成整改，扣5分	资料检查、现场检查
				结算书编制不完整、不规范或定额套用、费率计取不正确，发现一处扣0.5分	资料检查
				物资清退流程不规范、不及时，扣1分	资料检查
				工程竣工后，存在结余物资应退未退、废旧物资应拆未拆、应收未收或移交不及时，各扣5分	资料检查、现场检查
六、档案管理	档案规范性	10	5	因施工单位自身原因，未及时完成施工资料的收集、整理、移交，发生一起扣2分	资料检查
				移交的施工资料不规范、不完整，发生一次扣1分	资料检查
	信息管理		5	未按要求使用相关管理系统及移动App等，扣5分	系统取数
				未按要求规范使用相关管理系统及移动App等，上传数据不及时、不真实、不准确，发生1次扣1分	系统取数

PYPJ008：配电网工程监理项目部工程实施质量评价细则

配电网工程监理项目部工程实施质量评价细则

评价项目	评价要点	总分	单项得分	评分标准	评价方式
一、前期管理	监理规划	20	5	未按要求编制监理规划和监理实施细则，扣5分；未在监理规划及实施细则中明确风险和应急管理工作要求，扣2分；监理规划及实施细则未报业主项目部审批、未填写监理文件报审表，扣2分	资料检查
	设计文件会检		5	采取全过程监理的，未按要求参与设计现场勘察和设计文件审查，发生一次扣1分；未编写设计文件会检纪要，发生一次扣1分	资料检查
	开工管理		10	未按要求参加设计、安全技术交底，发生一次扣1分	资料检查、现场检查
				未按要求审核施工项目部提出的施工分包计划、试验（检测）单位资质报审表、施工方案等开工准备资料，发生一次扣3分	资料检查、现场检查
				未按照里程碑计划督促施工单位报审开工准备资料并指导其及时整改，发生一次扣2分	资料检查
二、过程管理	安全管理	60	25	未按要求开展工程风险分析，未提出保证安全的监理预控措施，扣5分	资料检查、现场检查
				未按要求审查施工项目部报审的安全管控措施或审查意见不明确，扣5分	资料检查
				未建立监理项目部安全管理台账，未按要求对现场的安全文明施工设施进行检查，发生一次扣5分	资料检查、现场检查
				未对重要及危险的作业工序、关键部位进行旁站或巡视，发生一次扣5分	资料检查、现场检查
				未督促施工、设计单位对发现的问题及时整改，发生一次扣3分	资料检查、现场检查
				未按要求组织或参加安全检查，未按要求开展分包管理专项检查，发生一次扣2分	资料检查、现场检查
	质量管理		20	未组织对进场设备、材料检查验收，发生一次扣2分	资料检查、现场检查
				未通过见证、旁站、巡视、平行检验等手段，对全过程施工质量有效控制，发生一次扣3分	资料检查、现场检查
				未有效监督和检查工程管理制度、标准工艺的执行和落实，未通过影像资料等手段强化施工过程质量管理，发生一次扣3分	资料检查、现场检查
				未按要求组织隐蔽工程验收或组织竣工预验收，未及时参加工程竣工验收，发生一次扣5分	资料检查、现场检查
				竣工预验收不到位，重大质量问题未发现或问题未完成整改，导致竣工验收时设备无法正常投运，发生一次扣10分	资料检查、现场检查
	进度管理		15	未跟踪施工进度计划执行情况，未督促施工项目部进行进度纠偏，发生一次扣3分	资料检查
				未及时编制监理日志、月报、总结，发现一次扣2分	资料检查

续表

评价项目	评价要点	总分	单项得分	评分标准	评价方式
二、过程管理	进度管理	60	15	未按时参加业主项目部组织的例会，发生一次扣 2 分	资料检查
				未监督、跟踪施工合同执行，未及时协调合同争议，发生一次扣 1 分	资料检查、现场检查
三、造价管理	结算管理	10	10	未审核确认竣工工程量或报审工程量与现场存在较大偏差，扣 5 分	资料检查、现场检查
				未按要求及时审核设计变更、现场签证，发生一次扣 2 分	资料检查、现场检查
四、档案管理	档案规范性	10	5	未及时完成监理资料的收集、整理和移交，扣 5 分	资料检查
				移交的监理资料不规范、不完整，发生一次扣 1 分	资料检查
				未督促施工单位及时完成档案资料移交，扣 5 分	资料检查
	信息管理		5	未按要求使用相关管理系统及移动 App 等，扣 5 分	系统取数
				未按要求规范使用相关管理系统及移动 App 等，上传数据不及时、不真实、不准确，发生一次扣 1 分	系统取数

PYPJ009：配电网工程服务供应商（项目部）履约评价否决项条款

配电网工程服务供应商（项目部）履约评价否决项条款

评价项目	评价要点	否决项条款	评价方式
发生以下情况之一否决项的，本周期直接认定为0分	企业失信	被省、市政府相关机构和部门认定为黑名单或失信企业；因违反相关规定，被省、市公司列入“黑名单”的	资料检查
	安全事故	因供应商原因导致安全事件或六级及以上质量事件，其他对公司造成严重不良影响的安全事件的	资料检查、现场检查
	经营合规	发生违法转包或违规分包的	资料检查、现场检查
	廉洁从业	借工程建设向用户乱收费、乱摊派、吃拿卡要；发生与承揽工程相关的廉政违法违纪情形，被通报或处理的	资料检查、现场检查
	负面事件	发生拖欠农民工工资、群体性信访等其他给公司造成负面影响的事件	资料检查、现场检查
	合同履约	因供应商原因导致合同终止，且严重影响工程建设进度或电网安全运行的	资料检查、现场检查

PYPJ010：配电网工程服务供应商（项目部）履约评价直接加分、减分项

配电网工程服务供应商（项目部）履约评价直接加分、减分项

评价项目	评价要点	评分标准	评价方式	备注
直接加分项	优质工程	上年度，获得国网公司配电网工程质量评价前100名，加4分；获得省公司配电网工程质量评价前列，每项加2分	资料检查	单个项目按最高荣誉加分，不重复加分；此项最高加4分
	质量管理	发现物资安全、质量问题，省公司出具物资不良供应商处理意见的，每项加1分	资料检查	
	安全管理	发现重大安全问题，及时下达工程暂停令予以制止，被建设管理单位通报表扬的，每项加1分	资料检查	
	标准化项目部建设	上年度，标准化项目部建设工作突出，获得省公司级荣誉称号，每项加2分；获得国网公司级荣誉称号，每项加5分	资料检查	省公司级荣誉称号，每项加2分；国网公司级荣誉称号，每项加5分
	应急抢险	在自然灾害抢险、抢修等工作中做出突出贡献，加1～2分	资料检查	此项最高加2分
	施工转型升级	通过国网公司配电网工程施工转型升级达标验收，加6分；通过省公司配电网工程施工转型升级达标验收，加3分	资料检查	此项最高加6分
	创新应用	应用新技术、新装备、新工艺或其他管理创新举措等提高工程建设质效的，经省公司组织认定，加1分。积极响应配合协助业主或独立完成国网公司、省公司级科技项目获得荣誉，国网公司级的每项加2分，省公司级的每项加1分	资料检查	以文件为依据：国网公司级的每项加2分，省公司级的每项加1分
直接减分项	缺陷整改	质保期内，因施工、设计、监理方责任引发的质量问题，发生缺陷不配合整改的，扣2～5分	系统取数、资料检查	
	一般缺陷	质保期内，因服务类供应商原因，引起投运后设备一般缺陷（对设备和人身安全威胁不大，可借设备停电检修时再进行处理的缺陷），扣1分	系统取数、资料检查	
	严重缺陷	质保期内，因服务类供应商原因，引起投运后设备严重缺陷（对设备和人身有一定的威胁，设备可以带病运行，并可以采取防止人身事故的临时措施，但必须列入近期停电计划来消除的缺陷），扣1分	系统取数、资料检查	
	危急缺陷	质保期内，因服务类供应商原因，引起投运后设备危急缺陷（直接威胁设备和人身安全，随时都有发生事故的可能，需要立即处理的缺陷），扣4分	系统取数、资料检查	

续表

评价项目	评价要点	评分标准	评价方式	备注
直接减分项	引发故障但未构成电网质量事件	质保期内，因服务类供应商原因，引起投运后设备故障但未构成六级及以上电网质量事件，扣1～4分	系统取数、资料检查	
	巡视巡查问题	省公司级及以上巡视巡查、审计等检查工作，发现因供应商原因导致的问题，每项扣1～5分	资料检查	

PYPJ011：供应商不良行为情况统计表

供应商不良行为情况统计表

填写单位（盖章）：　　　　　　　　　　　　　　　　____年____月____日

供应商名称 / 联系人及联系方式	工程名称	产品类型	简要说明供应商存在的问题	不良行为类型	对供应商的处理意见或建议	备注

联系人：　　　　　　　　　　　　　　　　　　　　电话：

注　本表中填写的供应商不良行为情况包括但不限于到货滞后、设备故障、抽检质量问题、售后服务不到位、质量问题等不良行为情况。

PYPJ012：配电网工程安全责任量化考核计分表

配电网工程安全责任量化考核计分表

编号	工程施工关键点作业安全管控措施	重要性	分值	考核单位
GJ	工程施工现场关键点作业各级安全管控措施			
GJ–01	施工项目部现场关键点作业安全管控措施			
GJ–01–0001	组织项目管理人员及分包管理人员参加业主项目部组织安全技术交底及会签	极其重要	2	监理、业主项目部（建设管理单位）、交叉互查地市公司、省公司
GJ–01–0002	梳理、掌握本工程可能涉及的人身伤亡事故的风险，将其纳入项目管理实施规划、安全风险管理及控制方案等策划文件	比较重要	1	监理、业主项目部（建设管理单位）、交叉互查地市公司、省公司
GJ–01–0003	施工项目部根据工程情况编制分部工程安全文明施工设施标准化配置计划，并报审监理项目部进行进场验收把关，如有现场检查出安全文明施工设施使用不规范情况对责任单位及人员相应考核	比较重要	1	监理、业主项目部（建设管理单位）、交叉互查地市公司、省公司
GJ–01–0004	施工项目部将分包计划报审监理项目部审查，批准后上报拟分包合同及安全协议，确保分包商的施工能力满足工程需要	重要	0.5	监理、业主项目部（建设管理单位）、交叉互查地市公司、省公司
GJ–01–0005	在分包工程开工前，施工项目部向监理项目部、业主项目部报批“同进同出”人员名单以及“同进同出”作业范围。负责收集并检查“同进同出”人员的履职记录及留存的数码照片	重要	0.5	监理、业主项目部（建设管理单位）、交叉互查地市公司、省公司
GJ–01–0006	施工项目部建立配套施工作业票台账，结合工作票检查，同步检查关键点作业的每日检查记录台账	极其重要	2	监理、业主项目部（建设管理单位）、交叉互查地市公司、省公司
GJ–01–0007	落实施工项目部验收职责，认真开展施工队自检、项目部复检工作，并报审公司专检、竣工预验收，完成各级验收消缺整改工作	极其重要	2	监理、业主项目部（建设管理单位）、交叉互查地市公司、省公司
GJ–02	施工单位现场关键点作业安全管控措施			
GJ–02–0001	按要求配备施工项目经理、项目总工、技术员、安全员等项目管理人员。安全员必须为专职，不可兼任项目其他岗位	比较重要	1	监理、业主项目部（建设管理单位）、交叉互查地市公司、省公司
GJ–02–0002	全面掌握公司所属在建工程施工安全作业风险，执行管理人员到岗到位要求，适时开展关键点作业安全管控措施的监督检查	极其重要	2	监理、业主项目部（建设管理单位）、交叉互查地市公司、省公司
GJ–02–0003	在配电线路工程杆塔组立前和架线前等关键环节，组织开展公司级专检验收工作，对施工项目部一、二级自检进行把关检查，督促整改	极其重要	2	监理、业主项目部（建设管理单位）、交叉互查地市公司、省公司
GJ–02–0004	组织开展配农网工程关键点作业日常安全监督检查，对检查中发现的问题及时予以现场整改、通报批评，并对相关责任单位及责任人进行考核	极其重要	2	监理、业主项目部（建设管理单位）、交叉互查地市公司、省公司

续表

编号	工程施工关键点作业安全管控措施	重要性	分值	考核单位
GJ-02-0005	严格审查专项施工方案是否根据现场实际编制，对经过审批的施工方案现场执行不严格的，追究现场管理人员、施工负责人的责任	极其重要	2	监理、业主项目部（建设管理单位）、交叉互查地市公司、省公司
GJ-02-0006	对现场施工违反规定与要求的分包商，责令其改进或停工整顿，依据分包施工合同进行考核。对安全管控措施落实不到位、存在问题拒不整改的分包商、分包商项目经理及主要管理人员、分包人员清除出场，并报告建设单位，提出永久禁入建议	极其重要	2	监理、业主项目部（建设管理单位）、交叉互查地市公司、省公司
GJ-03	监理项目部现场关键点作业安全管控措施			
GJ-03-0001	工程开工前，参与业主项目部组织的安全技术交底，针对本工程可能涉及的人身伤亡事故的风险作业，提出监理意见	极其重要	2	
GJ-03-0002	审查施工单位上报的关键点安全管控措施，制定针对性的监理控制措施，并对监理项目部人员进行全员交底	比较重要	1	业主项目部（建设管理单位）、交叉互查地市公司、省公司
GJ-03-0003	监理人员现场检查作业必备条件和班前会工作是否符合要求，符合要求的在安全施工作业票中签字	比较重要	1	业主项目部（建设管理单位）、交叉互查地市公司、省公司
GJ-03-0004	严格审查拟进场分包商施工资质、人员配备、施工机具和队伍管理能力，提出监理审查意见，不符合要求的严禁进场；检查施工项目部“同进同出”人员配置情况；施工过程中，检查分包人员动态管理情况	重要	0.5	业主项目部（建设管理单位）、交叉互查地市公司、省公司
GJ-03-0005	按照制定的监理安全旁站计划，开展安全监理旁站工作。同步检查关键点作业的每日检查记录台账，将检查情况记录到监理日志中	重要	0.5	业主项目部（建设管理单位）、交叉互查地市公司、省公司
GJ-03-0006	对关键点作业实施监理过程中发现的安全隐患，要求施工项目部整改，必要时要求施工项目部暂时停止施工，并及时报告业主项目部，对整改情况进行跟踪	极其重要	2	业主项目部（建设管理单位）、交叉互查地市公司、省公司
GJ-03-0007	加强工程转序管理，落实竣工预验收职责，对施工三级自检严格审核，对不满足条件的严禁转序	极其重要	2	业主项目部（建设管理单位）、交叉互查地市公司、省公司
GJ-04	监理单位现场关键点作业安全管控措施			
GJ-04-0001	为工程项目配备认真履责、合格的总监理工程师和安全监理工程师，按要求开展安全管控工作	比较重要	1	建设管理单位、交叉互查地市公司、省公司
GJ-04-0002	审批监理项目部编制的监理规划、安全监理工作方案，对其中关键点作业安全管控措施重点把关	比较重要	1	建设管理单位、交叉互查地市公司、省公司
GJ-04-0003	梳理公司所承揽工程存在的关键点作业，制定抽查计划，确定检查重点，现场抽查关键点作业安全管控措施的落实情况及记录卡的执行情况，同时对留存记录卡进行核查，对存在的问题出具整改通知单并跟踪整改	极其重要	2	建设管理单位、交叉互查地市公司、省公司
GJ-04-0004	在配电线路工程杆塔组立前和架线前等关键环节，对转序验收工作进行同步检查，对检查发现的问题下发监理整改通知单，并跟踪整改闭环情况	极其重要	2	建设管理单位、交叉互查地市公司、省公司

续表

编号	工程施工关键点作业安全管控措施	重要性	分值	考核单位
GJ-04-0005	对“现场施工管理混乱，拒不整改或多次整改仍达不到要求”和安全管控措施落实不到位的施工单位，及时汇报建设管理单位，并提出处理建议	极其重要	2	建设管理单位、交叉互查地市公司、省公司
GJ-04-0006	检查、评价、考核监理项目部关键点作业安全管控工作情况，对发现的问题提出整改要求，监督整改闭环	比较重要	1	建设管理单位、交叉互查地市公司、省公司
GJ-05	业主项目部现场关键点作业安全管控措施			
GJ-05-0001	对两个及以上施工企业在同一作业区域内进行施工、可能危及对方生产安全的作业活动，组织签订安全协议，并指定专职安全生产管理人员进行安全检查与工作协调	重要	0.5	交叉互查地市公司、省公司
GJ-05-0002	针对人身伤害的关键环节，组织设计单位对施工、监理项目部进行安全技术交底，在设计交底过程中，重点对可能造成人身伤害的风险进行专项交底，由相关方会签后，经业主项目经理签发后执行	比较重要	1	交叉互查地市公司、省公司
GJ-05-0003	组织施工、监理项目部梳理、掌握本工程可能涉及的人身伤亡事故的风险，将其纳入项目总体策划、应急处置方案等策划文件，制定管控计划，履行审批手续	比较重要	1	交叉互查地市公司、省公司
GJ-05-0004	风险作业的分部工程开始前，将防护人身伤害的安全设施配置情况纳入开工、转序的必备条件，对其中影响人身伤害的“关键项”不符合要求的,不批准开工。对现场检查出安全文明施工设施标准化配置不符合项出具处罚意见，在结算时扣罚相应考核金，同时，通报相应责任单位	极其重要	2	交叉互查地市公司、省公司
GJ-05-0005	分包单位进场前，严格履行分包商进场验证查手续，核查分包商施工资质、人员配备、施工机具和队伍管理能力，确保分包商的施工能力满足工程需要。同时跟踪、考核分包人员动态管理的情况	重要	0.5	交叉互查地市公司、省公司
GJ-05-0006	通过规范分包管理工作流程，强化分包作业现场人身事故的防控。在分包工程开工前，审批施工项目部报送的“同进同出”人员名单，以及“同进同出”作业范围。监督施工项目部严格执行同进同出作业现场的刚性要求，检查“同进同出”人员的履职记录及留存的数码照片	比较重要	1	交叉互查地市公司、省公司
GJ-05-0007	在关键点作业过程中，对施工、监理项目部交接卡验收把关以及安全管控措施的落实情况进行重点检查，履行签字手续。施工项目部建立配套施工作业票台账，结合工作票检查，同步检查关键点作业的每日检查记录台账	极其重要	2	交叉互查地市公司、省公司
GJ-05-0008	加强转序管理，按“谁检查谁签字、谁签字谁负责”的原则,强化工程验收“痕迹”管理,落实中间验收职责，对施工三级自检、竣工预验收报告严格审核，对不满足转序条件严禁转序	极其重要	2	交叉互查地市公司、省公司
GJ-06	建设管理单位现场关键点作业安全管控措施			

续表

编号	工程施工关键点作业安全管控措施	重要性	分值	考核单位
GJ-06-0001	根据下周存在人身伤害风险的作业安排，制定现场抽查计划，确定检查重点以及检查责任人，深入作业现场抽查关键点作业安全管控措施的落实情况及记录卡的执行情况，同时对留存记录卡进行核查。出具检查报告，根据检查情况，对存在的问题出具整改通知单并跟踪整改	重要	0.5	交叉互查地市公司、省公司
GJ-06-0002	结合工程质量监督检查工作，在配电线路工程杆塔组立前和架线前等关键环节，对各参建单位转序验收工作进行同步监督检查，对验收把关不到位的单位进行点评通报、跟踪整改	极其重要	2	交叉互查地市公司、省公司
GJ-06-0003	对“现场施工管理混乱，拒不整改或多次整改仍达不到要求”“安全文明施工费挪作他用”的施工单位，或履责不到位的监理单位予以停工整顿、通报批评，对有关人员提出撤换、清除现场的建议	重要	0.5	交叉互查地市公司、省公司
GJ-06-0004	对施工方案编制与现场实际不符的，追究编制人员及审核、审批人员的责任；对施工方案执行不严格的，追究施工负责人、监督管理人员及监理人员的责任	极其重要	2	交叉互查地市公司、省公司
GJ-06-0005	对违反规定与要求的施工承包商，责令其改进或停工整顿，依据施工合同进行考核。对安全管控措施落实不到位、存在问题拒不整改的分包商、分包商项目经理及主要管理人员、分包人员清除出场，并报告省公司，提出永久禁入建议	重要	0.5	交叉互查地市公司、省公司

PYPJ013：工程建设管理总结

____________工程建设管理总结

批准：（业主项目经理） ________年____月____日

编写：（业主项目部相关管理人员） ________年____月____日

____________业主项目部

________年____月____日

目　录

附录 D　项目部管理资料清单

国网山东省电力公司
配电网工程档案资料目录（2020 版）

一、综合性档案资料目录

说明：按项目下达批次进行整理。

1. 上级配电网工程管理文件及通知

说明：国网、省、市公司下发的文件、通知。

2. 可行性研究相关文件

说明：可行性研究报告、估算书等，最终收口版，与批复文件对应。

3. 初步设计相关文件

说明：初步设计文本（含可研初设一体化文件）、概算书、图纸、物资清册等，最终收口版，与批复文件对应。

4. 项目批复文件

说明：可研、初设、投资计划等相关批复及项目明细表、项目调整备案表。

5. 服务类招投标、中标文件、中标单位资质、框架协议及合同

说明：服务类招标文件、中标单位投标文件，中标单位资质文件扫描件；合同（必须包含中标通知书、与合同对应的框架协议扫描件）。

6. 各项目部成立文件、人员任命文件、有关资质证明和报审文件、法人授权书等

7. 配电网工程协调会、例会、设计联络会通知，纪要等会议文件

说明：含业主项目部组织设计单位、监理、施工、甲方代表开展的图纸会审、技术交底、工程协调等会议资料。

8. 工程通用施工图纸（蓝图）

说明：由设计中标单位提供。

9. 工程总体总结、效益分析报告

说明：由业主项目部提供。

10. 工程总体验收报告

11. 业主、监理、施工项目部综合评价表、设计质量评价表

12. 工程移交协议书

说明：由建设管理部门提供。

13. 工程审计报告

说明：审计单位提供审计报告。

二、单体工程档案资料目录

说明：业主、施工、监理、设计单位按职责分工负责整理；监理单位负责审核把关。建设管理单位印章为公司公章或业主项目部章。

1. 施工图纸

说明：由中标设计单位提供蓝图，通用施工图纸除外。

2. 安全及技术交底记录

说明：监理单位提供；安全及技术交底各一份；交底人为设计、业主、监理单位及甲方代表，接收方为施工中标单位。

3. 拆旧材料明细表

说明：施工单位提供；主要设备、材料与改造前基本情况数量一致，主材、设备退库或报废与物资对应、闭环；无拆旧工程无需提供。

4. 施工方案（措施）报审表及施工“三措一案”

说明：施工单位报送；施工单位报审日期为开工前 2 周。

5. 项目进度实施计划（施工计划）

说明：施工单位结合业主里程碑计划编制。

6. 改造前基本情况及示意图

说明：设计单位提供；见施工图纸。

7. 工程开工报审表及工程开（停、复）工报告

说明：施工单位报送；开工报审表日期为开工前 3 天，开工报告日期为开工当天；停、复工报告数量一致。

8. 施工安全管理及风险控制方案

说明：施工单位提供；按单体工程编制。

9. 主要设备开箱申请表

说明：施工单位提供；申请表后附设备装箱单、产品合格证、说明书、出厂试验报告、出厂图纸等开箱资料原件。

10. 土建施工记录

说明：施工单位提供；箱变基础、电缆沟槽、杆塔基础等测量施工记录，地基处理、桩基施工、混凝土浇筑等记录。

11. 电气安装记录，调试、试验报告

说明：施工单位提供，附设备调试报告。

12. 隐蔽工程验收报告

说明：施工单位提供；业主、施工、监理、设计单位及甲方代表负责实施，附隐蔽工序照片。

13. 中间质量控制记录

说明：施工单位提供；含中间验收；施工、监理单位负责实施，可根据验收时间填写。

14. 设计变更通知单及报审文件

说明：施工单位提供；业主、施工、监理、设计四方签章；无变更的不附此单。

15. 工程三级验收记录

说明：施工单位提供（自检、队检、公司检）。

16. 工程竣工验收申请表

说明：施工单位提供；实际竣工时间前 2 天。

17. 工程竣工报告

说明：施工单位提供。

18. 工程验收报告

说明：业主单位提供；实际竣工时间后，四方签章。

19. 缺陷整改记录

说明：施工单位提供；时间填写：有缺陷一周内完成整改。无缺陷的不附此单。

20. 现场签证审批单

说明：监理单位提供；根据现场实际及相关资料，由施工项目部发起。无变签证的不附此单。

21. 工程项目竣工基本情况

说明：业主单位提供；对建设情况和工程量进行说明。

22. 拆旧物资交接明细清单

说明：施工单位提供；对应拆旧材料明细表。无拆旧工程不附此单。

23. 工程竣工图纸

说明：设计单位提供；竣工图必须为蓝图，施工单位提供竣工资料。

24. 工程结算书

说明：施工单位提供，审定定案后的结算书（工程竣工后 60 天内完成结算书审定）。

25. 工程照片

说明：监理单位及施工单位提供；工程施工关键阶段、工序、隐蔽工程照片；工程改造前、改造后照片。

三、监理文件档案资料目录

1. 监理规划

说明：监理规划要和工程实际情况结合（按照批次编制），要有针对性。

2. 监理机构，监理总工程师、监理人员任职及资格证书

说明：有人员及机构调整时，动态更新。

3. 工程预付款及进度款、施工器械等报审文件

说明：监理单位严格要求。

4. 监理会议纪要

说明：监理单位根据要求，定期按时召开。

5. 监理工作联系单

说明：含整改通知书，与施工单位单体工程资料（例如会议纪要、整改后回复单等）保持闭环。

6. 监理旁站记录、日志、月（周）报、隐蔽工程验收记录

7. 监理工程量确认单

说明：与竣工图纸最终建设规模一致。

8. 监理工作总结

9. 工程质量总体评价、安全质量事故报告

说明：监理单位提供；按批次编制。

附录 E　业主项目部上墙图板目录

序号	标识名称	参考规格（mm × mm）	单位	数量	材料工艺	备注	样板（参考）
1	业主项目部铭牌	600 × 400	块	1	薄框铝合金焗漆丝印	项目部办公室大门外侧悬挂业主项目部铭牌。铭牌应清晰、简洁，并有项目所属供电公司名称、业主项目部名称等	
2	人员配置图	1200 × 800	块	1	KT 板	项目部人员组织架构图。组织架构应包括业主项目部各岗位名称、人员姓名、照片等	
3	岗位坐席牌	170 × 100	块		薄框铝合金焗漆丝印	数量按实际人数定，置于办公座位	
4	职责及规章制度	1200 × 800	块		KT 板	包含项目部职责及各项目部所设各岗位的岗位职责，各项规章制度及安全风险防控措施，所有图牌设置同一高度（1.5m）	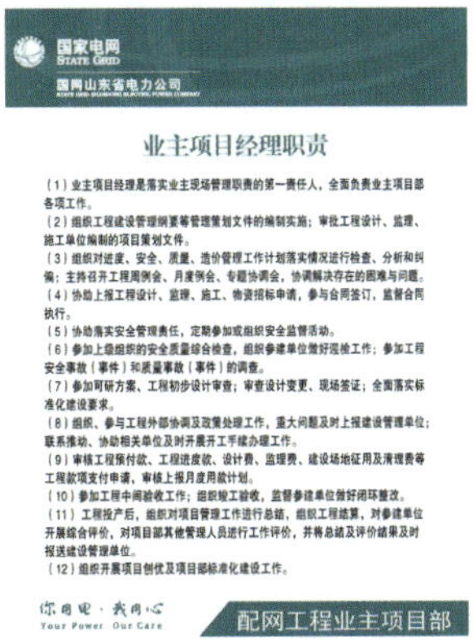

续表

序号	标识名称	参考规格（mm×mm）	单位	数量	材料工艺	备注	样板（参考）
5	进度计划表	2000×1200	块	1	KT 板		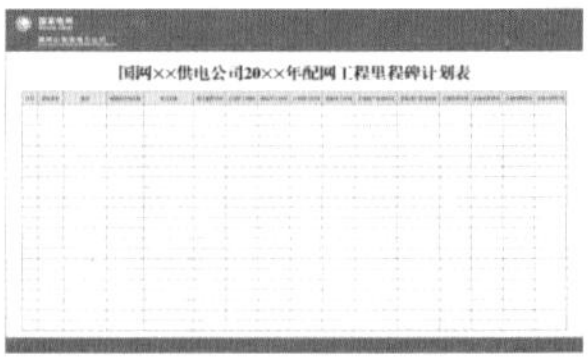
6	配电网工程安全管理“十八项”禁令	1200×800	块	1	内容采用黑体字，图板设置离地高度1.5m		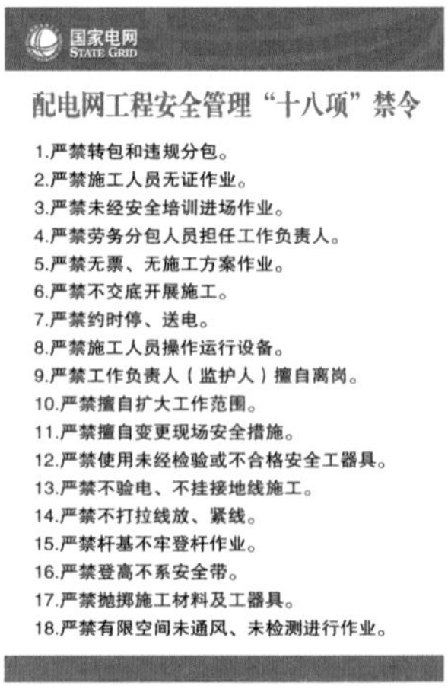
7	生产现场作业“十不干”	1200×800	块	1	内容采用黑体字，图牌设置离地高度1.5m		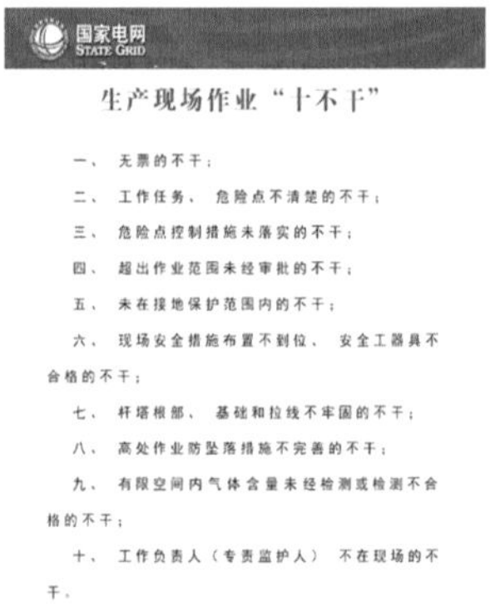